BÄUME

ANDREAS HASE
MIT FOTOS VON CONRAD AMBER

BÄUME

Über die Wurzeln einer tiefen Verbindung

ANDREAS HASE
MIT FOTOS VON CONRAD AMBER

KOSMOS

Mehr entdecken, mehr verstehen
DAS KOSMOS VERSPRECHEN
Expertenwissen seit 1822
Welches Thema dich auch begeistert – auf unsere Expertise kannst du dich verlassen. Und das schon seit über 200 Jahren.
Unser Anspruch ist es, dich mit wertvollem Rat zu begleiten, dich zu inspirieren und deinen Horizont zu erweitern.
BEGEISTERUNG DURCH KOMPETENZ
Unsere Autorinnen und Autoren vereinen professionelles Know-how mit großer Leidenschaft für ihre Themen.
WISSEN, DAS DICH WEITERBRINGT
Leicht verständlich, lebensnah und informativ für dich auf den Punkt gebracht.
SACHVERSTAND, DEN MAN SEHEN KANN
Mit aussagestarken Fotos, Zeichnungen und Grafiken werden Inhalte besonders anschaulich aufbereitet.
QUALITÄT FÜR HEUTE UND MORGEN
Dafür sorgen langlebige Verarbeitung und ressourcenschonende Produktion.
Du hast noch Fragen oder Anregungen?
Dann kontaktiere unsere Service-Hotline: 0711 25 29 58 70
Oder schreibe uns: kosmos.de/servicecenter

INHALT

BÄUME

In den ersten Tagen des vergangenen Jahres traf ich den bekannten Naturfotografen, Autor und engagierten Baumkenner Conrad Amber, um über unser aktuelles gemeinsames Projekt zu sprechen – eben dieses Buch, das Sie gerade in Händen halten. Meine Treffen mit Conrad waren schon immer spannend und lehrreich, als „Stimme der Bäume“ ist er im deutschsprachigen Raum ein anerkannter Spezialist und Experte für Stadtbegrünung und unseren Umgang mit Wald und Natur. In unzähligen Vorträgen konnte er mit beeindruckenden Fotos und umfassendem Fachwissen begeistern.

Ich freute mich also sehr auf das Zusammentreffen, unser Gespräch und nicht zuletzt auf einen guten Tropfen Wein, den er zu diesem Anlass stets kredenzte. Bald kamen wir auf unser gemeinsames Lebensthema zu sprechen und ich schilderte ihm eine Begebenheit, die mich Jahre zuvor auf die Spur der Bäume gelockt hatte:

MEINE FRAGE

„Ich habe einmal ein kleines Bonsaibäumchen geschenkt bekommen – ein winzig kleines Bäumchen, wohl eine Art Buche. Man hatte das unschuldige Wesen allerdings in einem viel zu kleinen Töpfchen eingekerkert. Zunächst schien es sich trotzdem prächtig zu entwickeln und es fühlte sich sichtbar wohl auf der hellen Fensterbank meines Wohnzimmers, mit Blick in die Freiheit meines halbwilden Gartens. Doch bald schon ließ der arme Tropf seine Blättchen auffallend hängen. Ich nahm an, die Enge des Töpfchens machte ihm zu schaffen und so topfte ich ihn bei nächster Gelegenheit um.“

Conrad sah mich nur halb amüsiert an und ich erkannte den stillen Vorwurf, dass ich das Bäumchen schon viel früher hätte umtopfen müssen. Natürlich hatte er recht – doch er sagte nichts, und so fuhr ich fort und erzählte ihm, dass es das Innenleben des weißen Keramiktopfes war, das mich stutzig gemacht hatte: Darin versteckte sich unter der Erde eine Plastikwanne, also ein

Fast wie ein Bonsai-Paar ragen diese Buchen aus dem herbstlichen Nebel im schweizerischen Appenzell. Die traditionellen Hügelbäume schmücken diese unvergleichliche Kulturlandschaft und bieten vielen Arten Schutz und Nahrung – eine nachahmenswerte Baum-Tradition.

Die Strategie der Bäume zur Vermehrung liegt in der Fülle. So manche von Tieren auf Vorrat vergrabene und dann vergessene Eichel wird einmal zu einem stattlichen Baum heranwachsen.

noch kleinerer Plastiktopf in dem ohnehin schon kleinen Keramiktopf, in den man den Bonsai gezwängt hatte. Wirklich sprachlos aber machte mich das Verhalten meines gefangenen Bäumchens: Es hatte fast alle seine Wurzelspitzen heimlich, still und leise zu einem fingerdicken Zopf geflochten, war in der Dunkelheit der Plastikwanne geräuschlos bis zum Tageslicht in die Höhe gewachsen, hatte sich in der Luft behände über den Rand seines Plastikkerkers gereckt und war unbemerkt auf der anderen Seite, in dem Bereich des größeren Keramiktopfes, wieder ins Erdreich gedrungen, um sich hier wieder zu entwirren und auszubreiten.

Er tat, als wäre nichts gewesen, aber es gab keinen Zweifel: Dem kleinen Freiheitskämpfer war eine spektakuläre Flucht gelungen, zumindest in das nächstgrößere Refugium. Er hatte eine Mauer überwunden! Träumte er von einem Leben in der relativen Freiheit meines Gartens? Und: Woher wussten die Wurzelspitzen von dem größeren Erdreich rings um die Plastikwanne? Wie konnten sie sich zusammenfinden, um die Mauer der Plastikwanne zu erklimmen? Wie konnte dieses vermeintlich harmlose Bürschlein unbemerkt einen solchen Plan aushecken und ihn in die Tat umsetzen?

UNSER DIALOG

Jetzt lachte Conrad, und ihm kam Charles Darwin in den Sinn: „In seinem 1880 erschienenen Werk ‚The power of movement in plants' schreibt er nach etwa 500 Seiten im allerletzten Absatz des Buches davon, dass das Verhalten von pflanzlichen Wurzelspitzen dem Vermögen von Gehirnen niederer Tierarten entspricht." Ich erwiderte: „Ein sehr interessanter Gedanke", und fügte nach kurzem Nachdenken hinzu: „Allerdings glaube ich nicht, dass irgendein dahergelaufener Regenwurm an die Leistungen meines Bonsais heranreichen könnte. Ein solch kräftezehrendes Verhalten erfordert doch gute Orientierung, zielstrebige Koordination, viel Mut und festen Willen." – „Und unverzagte Entschlossenheit zur Umsetzung!", beendete Conrad meinen Satz und stimmte nickend ein: „Heute weiß man, dass Darwin mit seiner Vermutung nicht ganz falsch lag. Es gibt neben dem bekannten Förster Peter Wohlleben engagierte Wissenschaftler und Botaniker wie den Italiener Stefano Mancuso, den Amerikaner David Chamovitz oder den Tschechen František Baluškas, die weltweit erforschen, inwiefern Pflanzen intelligent sind und ob sie über eine Art

Bewusstsein verfügen. Sie sind dabei, wissenschaftlich nachzuweisen, was viele Menschen schon seit Tausenden von Jahren fühlen: Bäume sind bewundernswerte und erstaunliche Lebewesen. Die Ergebnisse der Forschungen werden unsere Sicht auf das Leben revolutionieren!“

Danach gab ein Wort das nächste, denn zum Thema Bewusstsein bei Bäumen war ich kürzlich auf die Arbeiten des in den USA sehr bekannten Physikers Michio Kaku gestoßen: „Definiert man Bewusstsein wie er als Fähigkeit, die Lage des eigenen Körpers im Raum zu erfassen, das Verhältnis zu anderen Organismen zu regulieren und in Bezug auf den Verlauf der Zeit zu handeln, so besitzen Bäume das allemal – sicher auf eine ganz andere Art als der Mensch, aber sie sind sich ihrer selbst bewusst.“ – „Natürlich“, stimmte Conrad ein: „Sie sprechen auf das Wetter an, auf Luftfeuchtigkeit und Temperatur, sie haben einen Gleichgewichtssinn und reagieren auf Licht.“

Ich fügte hinzu: „Sie atmen! Und sie erkennen elektromagnetische Felder genauso wie Musik und Geräusche und richten ihr Wachstum danach aus.“

Conrad führte mit leuchtenden Augen an, dass Bäume sich mit ihren haarfeinen Wurzelspitzen unentwegt durch das Erdreich fädeln, mit Geschwindigkeiten bis zu einem Millimeter in der Stunde und dabei Nährstoffe in ihrer Umgebung identifizieren und aufnehmen. Dass sie das Wurzelgeflecht der eigenen Art erkennen und die Verwandtschaft, den Nachwuchs und die Vorfahren des Mutterbaumes gleich mit ernähren. „Darüber hinaus“, fiel mir in diesem Zusammenhang ein, „stoßen sie Geräusche aus, Klicklaute, vermutlich, um benachbarte Wurzelstränge über die eigene Position zu unterrichten. All dies geschieht auch in der Vegetationspause, sommers wie winters, ohne Unterlass!“

GETEILTE BEGEISTERUNG

Da brach es begeistert aus Conrad hervor: „Eine hochgewachsene Buche dehnt ihr Wurzelwerk unter der Erde für unsere Augen unsichtbar in ähnlicher Größe aus, wie sie ihre Krone in den Himmel reckt. Die noch sichtbaren, beindicken Wurzelschlangen teilen sich unterirdisch in viele Milliarden haarfeine Spitzen, die pausenlos in Bewegung sind und ihre Umgebung ertasten. Nachwachsende Zellen treiben die Wurzelspitzen immer weiter voran. Auf ihren verborgenen

Wegen durch das dunkle Erdreich suchen sie jedes Sandkorn nach Brauchbarem ab, spüren Mineralien auf, gehen wertvolle Beziehungen zu Pilzgeflechten ein und saugen mikroskopische Wasseradern und Nährstoffe auf."

Die kurze Stille ließ mich wieder an den sichtbaren Teil des Baumes denken: „Gleichzeitig öffnet oder schließt eine erwachsene Buche je nach Sonneneinstrahlung bis zu 60 Milliarden Poren in ihren Blättern und Zweigen in koordinierten Bewegungen, um die Fotosynthese voranzutreiben. Bemerkt sie Schädlinge, fährt ihr Immunsystem hoch und sie verständigt ihre Nachbarn durch Geruchsstoffe. Macht ihr Trockenheit zu schaffen, organisiert sie sich neu. Währenddessen lässt eine Art Herzschlag den gewaltigen Körper etwa einmal stündlich pulsieren. Eine schier unglaubliche Leistung, die der Baum ohne eine einzige Nervenbahn zustande bringt und die für unsere Sinne kaum wahrnehmbar ist. Wie denken sie und womit? Erkennen sie uns, sehen sie uns? Wenn Du sie fotografierst, lieber Conrad, sehen die Bäume manchmal aus, als würden sie lächeln."

Gemeinsam schwiegen wir eine Weile und lauschten dem Wind, der sich in den Haselsträuchern in seinem Garten verfangen hatte. Nachdenklich resümierte Conrad leise, seine Stimme vermischte sich mit dem wispernden Wind: „Eine andere, bislang nicht vermutete Dimension des Lebens tut sich da vor uns auf, ein unüberschaubares Wunderwerk der Natur, ein eigenes Universum, das in seinen vielschichtigen Ausmaßen noch längst nicht enträtselt ist. Ich spüre ihr Geheimnis, wenn ich sie fotografiere."

Ebenfalls leise geworden pflichtete ich bei: „Ich spüre ihr Geheimnis, wenn ich von ihnen erzähle." Den Abend beschlossen wir mit dem guten Tropfen, von dem bereits die Rede war. Auch der wird mir in guter Erinnerung bleiben.

ZAHLEN, FAKTEN UND EINE HERZENSANGELEGENHEIT

Fast ein Drittel der gesamten Fläche Deutschlands ist von Wald bedeckt, das sind immerhin rund 90 Milliarden Bäume, jeder für sich ein einzigartiges Wunderwerk der Natur, ein eigenes Universum. Österreich überflügelt uns mit 48 Prozent Waldfläche bei Weitem, in der Schweiz dagegen sind es nur unwesentlich mehr als 29 Prozent. Seit 2016 wissen wir, dass bei den weltweiten Waldinventuren bis dahin große Fehler gemacht wurden. Tatsächlich gibt es achtmal mehr Bäume als damals angenommen. Auf jeden der mehr als acht

Milliarden Menschen kamen 2022 rund 375 Bäume: Das entspricht der unglaublichen Zahl von über drei Billionen einzelner Exemplare – 3 000 000 000 000 Bäume. Das ist leider kein Grund, sich beruhigt zurückzulehnen. Jedes Jahr werden zehn bis 15 Milliarden Bäume vernichtet. Etwa 82 Prozent der gesamten Biomasse der Erde besteht aus pflanzlichem Leben, 13 Prozent aus Mikroorganismen und fünf Prozent aus tierischem Leben – die Krone der Schöpfung, als die wir uns gerne sehen, trägt nur 0,01 Prozent dazu bei. Krone hin oder her: Erfolgreicher sind andere.

In jüngster Zeit legten die Wissenschaftler nochmals nach und korrigierten auch die Gesamtzahl der verschiedenen Baumarten auf der Welt nach oben: etwa 73 300, davon sind über 9000 Arten noch nicht wissenschaftlich erfasst. Natürlich kann für diese Zahl niemand bürgen, denn noch immer werden jährlich etwa 2000 neue Pflanzenarten entdeckt, katalogisiert und beschrieben, unter ihnen immer wieder auch bislang unbekannte Baumarten. Andererseits enthält diese Liste auch die bedrohtesten Arten, die es auf unserem verletzlichen Planeten gibt: beispielsweise die Hohenesters Mehlbeere, von der es nur noch sieben nachgewiesene Exemplare in freier Natur gibt, alle versammelt auf einem Hügel in der Nähe von Leutenbach bei Forchheim.

BÄUME SIND MEHR ALS HOLZ

Doch wie wir gesehen haben, sind Bäume so viel mehr als zu vermessende Holzlatten. Sie sind eine Herzensangelegenheit. Beschränkt sich unser Bild von ihnen auf biologische Fakten, physikalisch-chemische Zusammenhänge, Zahlen und wissenschaftliche Benennungen, spüren wir ihr Geheimnis und unsere Verbindung zu ihnen nicht mehr. Dann verlieren sie ihre Wunder und ihren Zauber – und das Staunen stirbt. Und mit ihm unsere Liebe für den Baum.

In diesem Buch stellen wir 25 heimische Baumarten in einem bunten Reigen vor – sowohl unter Berücksichtigung neuester Erkenntnisse als auch des tiefen Mysteriums und dem Hauch von Mythos, der sie umgibt. Sie werden hier nicht zufällig oder alphabetisch, sondern in ihrer Blühfolge im Jahreslauf aufgeführt: Von der Hasel, die schon im Februar blüht, bis zur Linde, deren Blüten erst im Juni oder gar Juli erscheinen. Begleiten Sie uns durch den Jahreslauf und beobachten Sie das Wunder der Bäume, das sich jeden Tag wandelt und von einer anderen Seite zeigt. Mal blütenfrisch, voller Kraft und jung, mal entspannt und wie in tiefem Schlaf – aber immer wunderbar, geheimnisvoll und zauberhaft. Spürt man genau nach, so fühlt man die Verwandlung des Waldes auch leise im eigenen Gemüt, kommt den eigenen Blütezeiten und der eigenen Vergänglichkeit auf die Spur.

In diesem Buch ist es Conrad Amber und mir hoffentlich manches Mal gelungen, das Lächeln der Bäume in Wort und Bild einzufangen.

Andreas Hase
Isny im Allgäu

HASEL

Corylus avellana

Die Gemeine Hasel ist eine Kämpferin, sie ist mit der Birke zusammen die Erste im Blütenreigen des Frühjahrs. Doch im Unterschied zu ihr ist sie einhäusig getrenntgeschlechtig, männliche und weibliche Blüten kommen also beide an einem Busch oder Baum vor. Die Kätzchen werden schon im Spätsommer des Vorjahres gebildet und überstehen den Winter nackt und ungeschützt, die weiblichen Blüten dagegen bergen sich in einer geschützten Knospe an der Blattachsel. Gegen Ende Februar, Anfang März, wenn alles noch in sich gekehrt ist und kaum zu atmen wagt, öffnet die Hasel ihre männlichen Blütenstände: vor Pollen gelb leuchtende, hängende Kätzchen, die sich bis zu acht Zentimeter in die Länge strecken. Die unscheinbaren weiblichen Blüten sind sehr klein und unauffällig, sie zeigen nun ihre roten Griffel, an denen anfliegende Pollenkörner andocken können, bleiben jedoch ansonsten von den Deckblättern der Knospe bedeckt. Da sie keinen Nektar enthalten, werden nur die männlichen Kätzchen wegen ihrer Pollen von Honigbienen besucht, die vom Winter ganz ausgehungert sind. Der Wind übernimmt die Arbeit der Bestäubung, jedem der zahllosen, prall gefüllten Kätzchen bis zu zwei Millionen Pollenkörner abzunehmen und zu verteilen.

IM HERBST FÄLLT DIE „MASKE" DER HASELNUSS

Der Name der Hasel rührt von der unbestätigten Annahme, dass der Hase gerne sein Lager unter ihr aufschlägt. Der biologische Name *Corylus* heißt so viel wie „Maske", was sich auf die fransigen Deckblätter bezieht, welche die reifenden Nüsse maskenhaft umhüllen. Der Namenszusatz *avellana* weist auf die italienische Gemeinde Avella in Kampanien hin, in deren Gegend die Haselnuss schon in der Antike angebaut wurde.

Bis September, Oktober entwickelt sich die Frucht, die bekannte Haselnuss, die den Menschen bereits seit der Steinzeit mit ihrem nahrhaften Wohlgeschmack begleitet. Das Heranreifen der Nüsse ist sehr schön zu beobachten: kleine, von den Deckblättern gleichsam verkleidete und noch immer schützend geborgene, grüne Nüsschen, die täglich etwas weiter anschwellen und eine gelbe Färbung annehmen, um schließlich allen Mummenschanz sein zu lassen, sich von ihren Deckblättern zu befreien und als braune Nuss am Busch zu prangen. Diese ist eine begehrte Delikatesse für alle Nager, insbesondere natürlich für Eichhörnchen: Sie sorgen für die Vermehrung der Hasel, indem sie ihre Wintervorräte so gut verstecken, dass sie diese teilweise selbst nicht wiederfinden („Versteckausbreitung“). Eine solchermaßen mit dem Leben davongekommene Nuss hat jetzt die Möglichkeit, auszutreiben und zu einer neuen Hasel heranzuwachsen. Häufiger als über diese verschlungenen Wege pflanzt sich die Hasel allerdings vegetativ fort: Zweige, die in ausreichendem Abstand zur Mutterwurzel die Erde berühren, schlagen dort neue Wurzeln und ein neuer Busch oder Baum ist geboren („Absenkerbildung“).

Im April erst folgt der Laubaustrieb der Hasel. Die bärentatzenförmigen, manchmal handtellergroßen Blätter sind oval bis rundlich, an den Rändern merklich gesägt und enden mit einer markant ausgeprägten Spitze. Die Unterseite ist von starken Adern durchzogen; der Blattstiel, in dessen Achsel später die Haselnüsse stehen, ist leicht behaart. Die Hasel ist immer mehrstämmig und kann ein sehr ansehnlicher, bis zu sieben Meter, ausnahmsweise sogar bis zu zehn Meter hoher Strauch oder Baum werden.

AUSTAUSCH MIT DER WELT

Die dunkelbraunen, biegsamen Zweige der Hasel sind von grauen Lentizellen (Korkporen) übersät: winzige Risse, durch welche die Hasel die Welt in sich hineinlässt, atmen kann und ihren Gasaustausch vollzieht. Diese gut sichtbaren Poren sind ein Erkennungsmerkmal für die Hasel, aber auch für einige andere Bäume. Die Zweige stehen von den dickeren Ästen und Stämmen ab, streben aber immer aufwärts und geben dem ganzen Busch die elastische, bewegliche Ausstrahlung, die ihn auszeichnet.

Die Gemeine Hasel entwickelt keine Borke, es bleibt bei einer relativ glatten, im Alter graubraunen Rinde. Die Lentizellen entwickeln sich bereits bei der Entstehung der Rinde. Direkt unterhalb der „Außenhaut“, der Epidermis, werden Korkzellen gebildet – aber noch ist diese für Gase und Wasser undurchlässig.

Die männlichen Blütenstände der Hasel wiegen sich wie ein goldenes Meer im kalten Frühlingswind. An manchen Standorten sind sie auch rötlich oder orange gefärbt.

Erst wenn die wachsenden Korkzellen die Unterhaut, das Periderm, weiter nach innen drücken, reißt die Außenhaut, und die Öffnungen der Lentizellen bilden sich. Nun kann zwischen den dort befindlichen, absterbenden Zellen ein dauerhafter Gasaustausch stattfinden. Daneben gibt es vor allem in den Blättern die Spaltöffnungen, die Stomata, die von der Hasel, wie von allen anderen Pflanzen auch, aktiv geöffnet oder geschlossen werden können. Je nach Witterung, Temperatur, Wasserbedarf und Lichtverhältnissen steuert die Pflanze darüber ihren Stoffwechsel, den Austausch der Gase: Sie gibt Sauerstoff und Wasser ab und nimmt Kohlendioxid auf – sie lebt.

IN DER EWIGKEIT UND IM VOLKSGLAUBEN FEST VERANKERT

Hat eine Hasel erst einmal Fuß gefasst, ist kaum ein Kraut gegen sie gewachsen. Ihr Lebensdrang ist nahezu unbesiegbar. Sie kann ohne Weiteres bis auf den Stock zurückgeschnitten werden und sieht im nächsten Jahr doch wieder fast so aus, als wäre nichts gewesen. Selbst das Entfernen des ganzen Busches samt der obersten Wurzelknollen ist oft vergeblich, denn die Pfahlwurzel kann bis zu vier Meter ins Erdinnere vorstoßen – und nach zwei Jahren guckt doch ein kleiner Emporkömmling vorsichtig nach, ob sich ein weiterer Anlauf lohnen würde. Das Lebensalter der Hasel wird im Allgemeinen auf etwa 60 Jahre taxiert. Aufgrund der sehr häufigen vegetativen Vermehrung der Hasel, die genetisch gleiche Büsche (Klone) hervorbringt, kann sie an sich aber ewig leben. Es gibt keinen biologischen Grund, der ihren Tod herbeiführen würde. Vielleicht hat dieser Umstand zur umfangreichen Sagen- und Legendenbildung um die Hasel beigetragen. Die beiden Schweizer Volkskundler Eduard Hoffmann-Krayer und Hanns Bächtold-Stäubli verfassten im Jahr 1927 das „Handwörterbuch des deutschen Aberglaubens". In dem mehrbändigen Werk sind auf fast 10 000 Seiten viele tradierte Bräuche, Sagen und Mythen aus dem ganzen deutschsprachigen Raum und darüber hinaus aufgezeichnet. Es ist das wohl umfassendste und bedeutendste Werk seiner Art. Nicht weniger als 16 dicht beschriebene Seiten sind der Hasel gewidmet: „Auf germanischem Boden ist sie eine uralte Zauberpflanze, die viele kultische Beziehungen aufweist", wissen die beiden Volkskundler zu berichten. Und weiter wird vom bayerischen Aberglauben erzählt: „Der Bauer, der sich weiter vom Haus entfernt oder der einen gefährlichen Weg zu gehen hat, nimmt einen Haselstock mit, ebenso, wer zur Nachtzeit an einem verrufenen Ort vorbei muß." Wer dagegen eine „Haselstaude bei sich trägt, die er in der Walpurgisnacht um 12 Uhr geschnitten hat, wird nie in eine Schlucht oder über eine Felswand stürzen". Soldaten, die in den Krieg zogen, empfahl ein anderer Brauch aus Siebenbürgen, einen an Johanni geschnittenen Haselnusszweig bei sich zu tragen, denn dann „bekommt er keine Schußwunde". Und weiter: „Sie schützt vor bösen Geistern, so vor dem Wuetenheer, der Teufelsjagd, den feurigen Männern, vor der Berchta." Die Haselrute vertreibt auch allerlei übersinnliche Wesen, „elbisches Ungeziefer und sonstiges schädliches Getier wie den Kornwurm, die Maulwürfe, die Ratten". Sogar mit unterirdischen Schätzen wird sie in Verbindung gebracht: „Oh seht, vorbei ist Winters Weh – die

Hasel streut Goldstaub auf den Schnee!" Dazu auch: „Die Schätze zeigende und hebende Wünschelrute wird meist als eine Haselrute bezeichnet. Unter Haselstauden liegen Schätze verborgen."

In der Sympathiemedizin des Paracelsus dagegen finden Haselruten vor allem zur Übertragung und Genesung von Krankheiten Verwendung: „Wer Warzen hat, knicke junge Haselzweige, so viel er Warzen hat, dann verschwinden diese". Und gegen „Därr- und Lungensucht harne der Kranke in ein neues Töpfchen, binde es zu und vergrabe es unter einer Haselstaude mit den Worten: ‚Ma Krankhat vergrob i – an Herrgott, dean lob i!' "

„Um das Wild von Getreide fernzuhalten", rät ein anderer Brauch, „schneidet man am Karfreitag vor Sonnenaufgang stillschweigend eine einjährige Haselrute, macht einen Ring daraus und legt diesen um den Arm, mit dem man das Getreide aussät". Die Felder schützte man aber auch „vor allem durch die im Karsamstagfeuer (Judasfeuer) angekohlten Haselruten, die auf die Felder gesteckt werden". Besonders wurde die Hasel wohl im Stallzauber genutzt: „Das verhexte Vieh wird mit einer Haselgerte geschlagen" und „Haselblüten gibt man vor Sonnenaufgang dem behexten Vieh ein, die (aus dem Palm) genommenen Haselzweiglein gibt man kleingeschnitten dem Vieh zwischen zwei Broten zu fressen." Seitenlang trägt das Handbuch weitere überlieferte Bräuche zusammen: uralter Zauberglauben und Fruchtbarkeitsriten rund um die Hasel.

DER GÖTTIN ARTEMIS GEWEIHT

Bei Kelten wie Germanen war das Fällen einer Hasel bei Todesstrafe verboten. Man glaubte, dass der Verzehr der bereits damals begehrten Nüsse nicht nur äußere Schönheit verlieh, sondern auch innere Weisheit. Nach der Mythenforscherin Vera Zingsem reicht der Ruf der Hasel noch viel weiter in die Vergangenheit, denn auch die Antike erzählt schon von ihr. In der griechischen Mythologie war sie Artemis geweiht, der Hüterin von Frauen und Kindern, Göttin des Waldes, der Jagd, der Geburt – und des Mondes. Die Nüsse der Hasel reifen im August und in die Mitte dieses Monats fiel auch das Fest von Tod und Auferstehung dieser Göttin, die in römischen Kreisen Diana genannt wurde. Erst viel später entstand am 15. August eines jeden Jahres das christliche Fest Mariä Himmelfahrt – mit einer Maria, die man sich auf einem Mond oder einer Mondsichel stehend vorstellte.

BIRKE

Betula spec.

Wenn die Welt noch im Atem des Winters gefangen ist, umhüllt die Birke bereits ihr wolkenweißes Holz mit dem ersten seidenfeinen Lebensgrün des jungen Jahres. Die neuen Blätter entwinden sich ihrem Zweig, in all ihrer Zartheit von keiner Macht zu halten, gewaltig in ihrer Wuchskraft, rein in ihrer strahlenden Schönheit. Jedes eine eigene Idee von der Welt, jedes einzigartig, endlos in der Zahl. Die ganze Ausstrahlung dieses Baumes ist Sanftmut, Grazie und erhabene Eleganz. Stets behält die Birke diese sanfte Liebenswürdigkeit, im Herbstnebel, im Regensturm, im Alter, im Tod. Sie reift im Laufe ihres Daseins von einer Tänzerin voller Lebenslust zur wissenden Magierin, mit der tiefen Schönheit eines wettergegerbten, faltigen Gesichts – den Blick zum Himmel, doch der Erde in Ergebenheit zugeneigt.

Wegen dieser Anmut ist die Birke wohl der Lieblingsbaum vieler Menschen. Doch es wäre falsch, würde man ihren Liebreiz mit Schwäche verwechseln. Sie ist eine mutige Pionierin mit überraschender Kraft. Die braucht sie, um sich dem ausgehenden Winter entgegenzustellen. Sie ist extrem frosthart, selbst den jungen Blättern können Temperaturen bis zu minus 6 Grad Celsius nichts anhaben. Zeitgleich mit dem Erscheinen der ersten hauchzarten Blätter beginnt sie bereits im März, April zu blühen. Hungrige Bienen suchen hier jedoch fast vergeblich nach Nektar, denn trotz ihres freundlichen Wesens hat sie überraschenderweise nur wenig davon zu bieten. Sie ist einhäusig, männliche und weibliche Blüten finden sich also an einem Baum. Die so weiblich, so sanft erscheinende Birke hat eine erstaunlich starke männliche Seite: Die hängenden, männlichen Kätzchen werden schon im Vorjahr angelegt, schwellen im Frühjahr an und übergeben ihre immense Pollenfracht dem Wind, der sie Hunderte von Kilometern weit tragen kann. Bis zu fünf Millionen Pollen pro Kätzchen begeben sich auf diese ungewisse, abenteuerliche Wanderung hinaus in die Welt – und in so manche Allergikernase, die ihren Unmut dann laut niesend kundtut.

STARKER WILLE ZUM WERDEN

Die weiblichen Kätzchen sind viel unauffälliger, grünlich und anfangs aufrecht stehend. Nach der Befruchtung färben sie sich rostrot, wenden sich der Erde zu und quellen merklich auf. Bis zum Herbst entwickeln sich in ihrem Mutterbauch die Früchte: kleine, beidseitig geflügelte Nüsschen, die wiederum dem Wind anvertraut werden, der sich ihrer annimmt und sie im ganzen Land verteilt. Sie sind sehr anspruchslos und kraftvoll und keimen sofort, fast in jedem Boden. Doch nicht nur dort, auch in Dachrinnen und Mauerfugen, selbst in Astgabeln mächtiger Eichen. Es gibt wohl nur wenige Orte, an denen ein Birkennüsschen es nicht zumindest versuchen mag. Der Wille, zu werden, ist kaum zu stoppen! Im ersten Jahr kann der Keimling bereits 30 Zentimeter und mehr in die Höhe ragen und dabei auch schon die typischen rautenförmigen Blättchen tragen. Sie sind gezahnt, von wachsglatter Oberfläche und in den hellen Sommermonaten von einem Sekret überzogen, das wie Glanzlack wirkt und der Birke die Leichtigkeit verleiht, mit der sie voller Wonne durch den blauen Himmel tanzt.

Am augenfälligsten an der Birke jedoch ist die Borke, die in der Jugend glatt ist und in milchigem Weiß schimmert. Im Alter reißt sie an der Oberfläche, wird brüchig und zeigt vor allem im unteren Teil des Stammes dunkle, im Kontrast fast schwarze Furchen, Runzeln und Falten.

Zahllose Maler, große Komponisten und bedeutende Lyriker hat dieser Anblick inspiriert. In den Volkskulturen vieler Regionen auf der Welt hat sie ihre Spuren hinterlassen – und letztlich ist sie selbst eines der großen Kunstwerke der Schöpfung.

BAUM DES NORDENS – WEGWEISER ZUR ANDERSWELT?

Je nach Autor gibt es etwa 100 – 150 Birkenarten. Keine von ihnen wird höher als 30 Meter. Sie alle kommen ausschließlich auf der nördlichen Hemisphäre vor, ihre Lebenserwartung liegt hierzulande bei nicht mehr als höchstens 150 Jahren. In ihrer nordischen Heimat, wo ihr das Klima offensichtlich mehr behagt, werden es auch schon mal bis zu 250 Jahre. Im Norden fühlt sich die Birke am wohlsten, ihr Verbreitungsgebiet erstreckt sich bis hin zu den borealen Nadelwäldern und bildet in Sibirien weitläufige Waldgebiete im Reinbestand. Für einige der dort ansässigen Völker ist sie eine Hauptfigur ihrer Schöpfungsmythen.

Erst durch die Silhouette der Hängebirken bekommt diese Ried-Kulturlandschaft ihre Leichtigkeit und Schönheit.

Ein Geheimnis ihrer Stärke liegt in ihren Wurzeln und den Symbiosen, die sie tief in der Erde mit den Mykorrhiza-Pilzen eingeht. Dieser Pakt mit den geheimnisvollen Wesen der Unterwelt fußt auf folgendem Handel: Im Tausch gegen Zucker und Energie, die die Birke im luftigen Sonnenlicht leicht herstellen kann, erhält sie wichtige Nährstoffe, die sie selbst nicht aus dem Boden lösen kann. Dabei macht sie sich mehr Pilzarten zunutze als alle anderen Bäume und unterhält eine ganz besondere Beziehung zu ihnen. Auch der Fliegenpilz erliegt offenbar ihrem Zauber, denn er hat eine besondere Vorliebe für die Birke: Er kommt in ihrer Nähe häufig vor und entwickelt sich hier ganz prächtig. Wie den Schamanen der nordischen Urvölker scheint die Birke also auch dem Fliegenpilz heilig zu sein. Noch heute ist der Fliegenpilzkult bei den naturverbundenen Medizinmännern des Nordens weit verbreitet; er stößt ihnen auf ihren Traumreisen die Pforte zur Anderswelt auf.

Da die Birke als Lichtbaum auf viel Sonnenlicht angewiesen ist, meidet sie den dichten Wald und kommt eher an seinem Saum, an Lichtungen und in Gegenden vor, in die sich andere Bäume nicht wagen.

In den Bergen klettert sie behände dem wuchtigen Bergahorn hinterher, bis auf etwa 2000 Meter – auch dies ist eine Höchstleistung im wahrsten Sinne des Wortes. Im schweizerischen Graubünden wurde ein kleiner Birkensämling sogar auf rekordverdächtigen 2800 Metern Höhe gesichtet!

GEGEN BÖSE HEXEREI IST EIN BESEN GEWACHSEN

Oftmals kann man in den verzweigten Astgabelungen hochgewachsener Birken buschartige, kugelförmige Auswüchse erkennen, die im ersten Moment an Misteln erinnern. Tatsächlich galt dies in alten Zeiten jedoch als Hinweis, dass Hexen in der Walpurgisnacht bei ihrem Flug zum Blocksberg mit ihrem Besen an der Birke hängen geblieben waren. So nannten unsere Ahnen diese verzweigten Gebilde „Hexenbesen", und im Volksglauben ist die Birke eine lichtvolle Kraft, die gegen Hexerei schützt. Bis heute ist es in manchen Gegenden Brauch, mit breiten Reisigbesen aus Birkenzweigen das Haus auszukehren und so böse Geister mit hinauszufegen. Am Hausgiebel befestigte „Hexenbesen" wehrten nicht nur bösen Zauber ab, sondern beschützten Haus und Hof auch vor Blitzschlag, was ihnen den eindrucksvollen Namen „Donnerbüsche" einbrachte.

Die heutige Wissenschaft spricht im Zusammenhang mit den Hexenbesen jedoch etwas nüchterner von einem Pilzbefall, *Taphrina betulina*, der den Baum in seinem Wuchs irritiert und zu unkontrollierten Zweigwucherungen führt. Steht man jedoch in der nebligen Dämmerung vor einer mit „Hexenbesen" überwucherten Moorbirke, so beschleicht einen dennoch die dumpfe Angst, dass etwas dran sein könnte an den Geschichten um böse Hexerei und dunkle Zauberkraft –naturwissenschaftliche Erkenntnis hin oder her.

GEBORGEN IM EWIGEN WERDEN

Birke und Borke, die Ähnlichkeit beider Worte erstaunt. Tatsächlich gehen beide auf den Wortstamm „bergen" zurück, im Sinne von enthalten und umhüllen. Nach dem Sprachwissenschaftler Hermann Graßmann liegt die Wurzel des deutschen Namens im Sanskrit: Schon das altindische Wort „burgha-s" steht für einen Baum, dessen weiße Rinde als Schreibmaterial genutzt werden konnte. Einige der wichtigsten Weisheitstexte der Menschheit wurden auf Birkenrinde geschrieben und fanden über diese Art antiker Datensicherung den Weg in unsere Zeit. Beispielsweise die in 29 Schriftrollen aus Birkenrinde festgehaltenen Gandharan-Texte aus dem 1. Jahrhundert n. Chr., die heute als die ältesten buddhistischen Aufzeichnungen überhaupt gelten. Zweifel sind angebracht, ob unsere heutigen USB-Sticks auch nur annähernd so lange überlebt hätten! Es wird vermutet, dass das Schreiben auf Birkenrinden Einfluss auf die Ausbildung verschiedener altindischer Schriftarten hatte, da sich die Entwicklung der Zeichen auch nach der handwerklichen Machbarkeit richtete. Wahrscheinlich gehen die runden, leichtgängigen Schriftzeichen des Ostens darauf zurück. So war die Birke in Asien genau wie die Buche in unseren Breitengraden eine enge Begleiterin der menschlichen Schriftkultur.

ZÄH UND KRAFTVOLL

Doch darüber hinaus birgt die Rinde der Birke noch viele weitere Möglichkeiten. Ihre nachgewiesene antiseptische Wirkung wird seit Jahrtausenden genutzt, um daraus Vorratsdosen für Lebensmittel herzustellen. Selbst in der Ausrüstung des weltberühmten Ötzi wurden solche Dosen gefunden. Das Material ist zäh und von erstaunlicher Flexibilität, sodass es sich vielseitig einsetzen lässt. Russische Bauern flechten noch heute Körbe für Pilze und Beeren aus Streifen der Birkenrinde. In den Weiten Sibiriens dagegen wurden die traditionellen Wohnzelte der Rentierzüchter, die sogenannten Tschums, bis vor einigen Jahren noch mit zusammengenähten Birkenrinden bedeckt. Der frostige Boden wird mit geflochtenen Matten aus Birkenzweigen ausgelegt.

Auch bei uns ist es auf dem Land keineswegs vergangenes Brauchtum, die Birke als Maibaum und „große Verkünderin des Lebens“ einmal im Jahr ins Dorf zu holen. Als Maibaum steht sie hier für eine jahrhundertealte Tradition. In den vergessenen Bergdörfern der Alpen schlagen die Burschen noch immer mit gebundenen Birkenzweigen, der „Lebensrute“, auf das Vieh ein, in dem Ansinnen, es fruchtbar und gesund werden zu lassen. Dieser „Quicken“ genannte Brauch kann freilich mit gleicher Absicht auch die jungen Mädchen ihres Begehrens treffen – und haben sie damit Erfolg, steht bald eine junge, lebensfroh geschmückte Birke vor dem Haus der frischgebackenen Eltern.

DIE GABEN DER BIRKE – EIN SEGEN FÜR DIE MENSCHHEIT

Das sogenannte „Birkenpech“ ist der älteste Klebstoff der Welt. Er wird durch die Destillation der Rinde gewonnen und wurde bereits vor über 100 000 Jahren zur Herstellung von Waffen und Werkzeug genutzt. Vor rund 6000 Jahren wurde das Birkenpech auch für den Bau der weltbekannten Pfahlbausiedlungen am Bodensee verwendet.

Die Birke ist ein wasserdurchspülter Baum: Im Frühjahr pumpt sie täglich bis zu 70 Liter Wasser von den Wurzeln bis in die Blattspitzen, an heißen Sommertagen verdunstet sie mehrere Hundert Liter. Bereits die Germanen wussten um die Gewinnung und Anwendung des Birkenwassers: ein belebender und gesunder Frühlingstrunk, der heute wieder an Bedeutung gewinnt und erfreulicherweise mit weit weniger Aufwand als früher zu haben ist (gute Biomärkte haben ihn im Angebot). Birkenwasser ist aber auch aus Kosmetik und Haarpflege nicht wegzudenken. Der aus der Rinde gewonnene Birkenzucker, der sogenannte Xylit, ist heute ebenso in den Regalen ausgewählter Märkte zu finden. Xylit süßt nicht nur, sondern schützt die Zähne erstaunlicherweise auch vor Karies, statt sie zu schädigen. Eine Teekur mit den jungen, glänzenden Blättern der Birke erfrischt, stärkt und reinigt den Körper, von innen wie von außen. Die Flüssigkeit ist auch als sanft pflegendes Gesichtswasser beliebt.

ANMUTIG, KLANGVOLL, STARK

Die eleganten Bewegungen der Birke im Wind erinnern an die anmutige Choreografie einer grazilen Ballerina. Doch erst nach ihrem Tod wandelt sich manche Birke tatsächlich in Klang: Ihr helles Holz findet im Instrumentenbau Verwendung. Insbesondere das gerade und stark gewachsene Holz der nordischen Sandbirke wird wegen seiner elastischen Stabilität gerne als Hammerstiel für die 88 mit Filz bespannten Piano- und Klavierhammerstiele verwendet, die auf Tastendruck in unterschiedlicher Intensität auf die Saiten schlagen und den jeweils einmaligen Ton erzeugen. Der Klavierbauer prüft dabei vor dem Einbau den jeweils unterschiedlichen „Eigenklang“ der vorgefertigten Hammerstiele, indem er sie auf einer Metall- oder Glasplatte anschlägt. Der Tonlage des individuellen Eigenklangs entsprechend, ordnet er sie dann als geeignet für die

Hier wartet schon die nächste Baum-Generation in den männlichen Birkenkätzchen. Der Wind sorgt für die oft kilometerweite Verbreitung.

höheren, die mittleren oder die tieferen Töne ein. Die Birke begegnet uns so auch als Klangbild – und der Tanz der elfenhaften Ballerina wird zu Musik, die uns wiederum tief in der Seele zu berühren vermag.

Das in der Rinde vorkommende Betulin ist verantwortlich für ihre Dauerhaftigkeit, die antiseptische Wirkung und viele weitere Vorzüge. Wissenschaftler und Mediziner arbeiten aktuell sogar daran, es auch im Kampf gegen verschiedene Stoffwechselerkrankungen, Diabetes, Arteriosklerose und sogar gegen Krebs anzuwenden.

Die Gaben dieses wundervollen Baumes sind seit Tausenden von Jahren ein wahrer Segen für die Menschheit.

EUROPÄISCHE EIBE

Taxus baccata

Sie ist umgeben vom Hauch der Ewigkeit, der sie umfängt wie undurchsichtige Nebelschwaden einen stillen Novemberwald. Ein Mahnmal, das mit seinem oftmals hohlen Stamm, dem dichten Nadelgewand, mit jeder Borkenschuppe und jedem winkenden Zweig verwunschene Märchen raunt – man hält unwillkürlich inne. Wie in einem Brennglas bündelt sich in der Gegenwart einer alten Eibe das zeitliche Nacheinander zu einem Nebeneinander, und für Momente steht die Welt in Stille.

SYMBOL FÜR VERGÄNGLICHKEIT UND TOD

Es ist die Symbolik der Sterblichkeit und der Endlichkeit, welche die Eibe zu einem der häufigsten Friedhofsbäume macht. Wie ein Schweigen gemahnendes Spalier aus Holz und Nadeln säumt sie die Alleen, durch die ungezählte Prozessionen gesenkten Hauptes ihre Lieben zur ewigen Ruhe geleiten. Sie ist geradezu umwölkt von der Aura des Todes – ja, sie atmet ihn sogar aus! Denn aus jeder ihrer Poren dampft nicht nur Sauerstoff, sondern auch das giftige Alkaloid Taxin, aus dem viele Drogen ihre Wirksamkeit beziehen. Es wirkt lähmend auf das Herz und das zentrale Nervensystem, löst Unwohlsein und Kopfschmerz aus. Jeder Bestandteil der Eibe ist durchsetzt von diesem Nervengift, die Nadeln, die Borke, der Samen und das Holz. Nur die fleischig-rote Ummantelung des Samens, des Arillus, und die winzigen Pollenkörner sind ungiftig. Sie haben einen ganz besonderen Auftrag, von dem noch zu erzählen sein wird.

Die giftigen Substanzen können auch über die Milch von Weidetieren auf den Menschen übergehen, insbesondere Kinder sind dann in Gefahr. Der griechische Arzt Dioskurides warnte bereits im 1. Jahrhundert n. Chr. davor, im Schatten einer Eibe auch nur zu ruhen oder gar einzuschlafen. Oft würde dann der baldige Tod eintreten.

„Man sagt, dass Schlaf, ein schlimmer,
Dir aus den Nadeln raucht.
Ach, wacher war ich nimmer,
als rings von Dir umhaucht!“

Annette von Droste-Hülshoff spielt in diesem Gedicht „Die Taxuswand“ ganz offensichtlich auf eine halluzinogene Wirkung der Ausdünstungen an. Der letzte nachgewiesene Todesfall war im Jahr 2009, als eine Studentin sich während ihrer Prüfungszeit einen Tee aus Eibennadeln zubereitete, wohl in der irrigen Annahme, er habe eine beruhigende Wirkung. Generell wird die Menge von 50 Gramm verzehrter Eibennadeln für einen Erwachsenen als todbringende Dosis angesehen. Allerdings haben Untersuchungen gezeigt, dass auch schon geringere Mengen und der Verzehr in Form eines Tees unabsehbare Folgen haben kann.

VIELFÄLTIGE GESTALT UND DAS WUNDER DER FORTPFLANZUNG

Und dennoch: Unerwartet freundlich fühlt sich dieser Baum an. Die Nadeln sind breit und weich, sie streichen sanft über die ausgestreckte Hand. Bis zu acht Jahre verbleiben sie am Baum, bevor sie einzeln abfallen. In Parks und auf Friedhöfen wird die Eibe oft beschnitten und gestutzt, sodass sie ihre natürliche Gestalt nicht entwickeln kann. Hier wird sie zur Hecke, zur Halbkugel, zu einer würfelförmigen Figur, manchmal bis zur Lächerlichkeit entstellt. Lässt man ihr die Freiheit, so entwickelt sich ein riesenhafter, ovaler Strauch, eine vielfingrige Hand, die aus dem Nirgendwo in diese Welt greift. Oft sind es mehrere Stämme, die im Alter zusammenwachsen und dann wie ein einziger unförmiger Stamm erscheinen. Die Borke blättert ab wie rostbraune Patina, auch sie verleiht dem Baum eine würdevolle Aura und ist ein deutliches Erkennungsmerkmal.

Die Eibe ist zweihäusig, das heißt, es gibt männliche oder weibliche Bäume. Die männlichen Blüten finden sich in kleinen kugeligen Kätzchen an den Zweigspitzen. Sie werden bis zu vier Millimeter groß und geben ihre winzigen Pollenkörnchen an den Wind ab, sobald die Temperatur es zulässt – bereits im Februar, März, noch bevor die meisten Laubbäume austreiben. So können die sehr leichten Pollen ungehindert mit dem Wind durch den Wald reisen, bis sie

Die weibliche Eibe ist auf einen Blick an ihren leuchtend roten Beeren zu erkennen. Darauf freuen sich hungrige Singvögel, die für ihre weite Verbreitung sorgen.

Unverwechselbar sind Stamm und Wurzelansatz der Eibe. Es ist, als würde sie in ihrem Drang nach Perfektion immer wieder neue Anläufe machen, sich winden, drehen und anpassen – ein virtuoser Baumkünstler.

nach weiten Strecken zu Boden gleiten oder an einem Bestäubungströpfchen einer weiblichen Blüte hängen bleiben. Die unscheinbaren weiblichen Blüten sitzen nämlich als höchstens zwei Millimeter große Zäpfchen an den Unterseiten der Nadelschäfte. Die überlappenden Schuppen des Zäpfchens bergen schützend die Samenanlage. An seiner Spitze bildet sich in der Blütezeit das lockende Tröpfchen, welches das kleine, daran hängen gebliebene Pollenkorn mit der Kraft der Verdunstung in die Samenanlage zieht. Nun ist der Sinn seines Seins erfüllt: Das Wunder der Befruchtung ist geschehen.

Aus der befruchteten Blüte bildet sich der Arillus, die hellrote, fleischige Ummantelung des Samens, die aussieht wie eine kleine Beere und mit ihrer lebensfrohen Farbe hungrige Vögel anlockt. Der ungiftige Arillus besteht zu etwa 20 Prozent aus Zucker. Die Vögel fressen ihn samt Samenkern und scheiden diesen später auf ihren Wegen unverdaut wieder aus. So stellen sie mittels dieser als Vogelausbreitung („Ornithochorie") bezeichneten Methode die Vermehrung der Eiben sicher. Einige Singvogelarten, der Star, die Amsel und vor allem die Misteldrossel fühlen sich im dichten Geäst und dem flaumigen Nadelkleid der Eibe sehr wohl. Die Misteldrossel ernährt sich in den kargen Wintermonaten von den Früchten der Mistel und von den Arillen der Eibe. Hat sie sich einmal einen bestimmten Baum ausgesucht, verteidigt sie ihn heftig. Unter diesem Schutz prangen die roten Arillen an mancher Eibe noch über Heiligabend, den Jahreswechsel und die Raunächte hinweg bis in den Februar des Folgejahres – wie Perlen an einem ganz besonderen Rosenkranz der Natur.

JAHRTAUSENDEALT DURCH ERNEUERUNG

Erblickt ein junger Eibenschössling das Licht der Welt, so erwarten ihn noch viele Herausforderungen auf seinem langen Lebensweg, der mehrere Jahrtausende betragen kann! Er wächst extrem langsam und erreicht erst nach frühestens zehn Jahren eine Höhe von etwa zwei Metern. Bis dahin wird er leider fast immer Opfer von Wildverbiss: Hasen, Kaninchen und Rehe zeigen sich von der Giftigkeit der Eibe völlig unbeeindruckt. Hat sie das Glück, ihnen zu entgehen, so ist sie nach etwa 100 abenteuerlichen Jahren mit bis zu 20 Metern ausgewachsen und stellt das Höhenwachstum ein. Das Dickenwachstum jedoch – eine bedauerliche Parallele zum Menschen – hält lebenslang an.

Eine Rarität: Eibe auf Viehweide. Allein der Genuss der Rinde kann Pferd, Kuh oder Ziege umbringen. Hier klappt das Zusammenleben offenbar doch.

Das extrem harte Holz der Eibe bildet nur dünne, kaum erkennbare Jahresringe, und verfügt über keinerlei Harz. Kaum den Kinderschuhen entwachsen, das bedeutet im Zeitkonzept der Eibe so etwa mit 250 Jahren, beginnt sie damit, ihre Stämme zu entkernen, was zumeist als Zeichen ihres Vergehens missdeutet wird.

Doch was aussieht wie ein todbringendes Leiden, ist Überlebensstrategie: Durch Bakterienbefall verliert sie den Kern des ursprünglichen alternden Stammes, er fault einfach weg. Gleichzeitig bilden sich im hohlen Stamm neue Wurzelsprosse, die hinunterwachsen und sich darin zum Stamm im Stamme entwickeln. Die Gestalt der Bäume wird dabei krumm und knorrig und drückt zugleich Weisheit, Verfall, Ewigkeit, Trauer und Zuversicht aus.

Sie erneuert sich quasi fortlaufend selbst – es gibt keinen biologischen Grund, aus dem eine Eibe irgendwann sterben müsste, denn sie hat ihren Alterungsprozess weitgehend ausgeschaltet. Erst wenn Naturgewalten sie entwurzeln, sie einem Brand zum Opfer fällt, einer Krankheit erliegt oder durch Menschenhand gefällt wird, ist auch ihr Ende gekommen. Durch die stete Erneuerung kann man von der Anzahl ihrer Jahresringe nicht mehr auf ihr tatsächliches Alter schließen, und so ist eine genaue Bezifferung recht schwierig. Die Eibe verfügt über ein sehr starkes, tief reichendes Wurzelsystem und hat eher den Drang, in das Erdinnere zu wachsen als hinaus in die Welt.

EIBENWÄLDER IN EUROPA

In Deutschland gilt die Eibe als gefährdete Art, im Mittelalter war sie bereits so gut wie ausgestorben. Bis heute trifft man nur selten auf Eiben im Wald – und wenn, dann fast immer im Schatten größerer Bäume. Mit ihren etwa zehn Arten gehört sie zur Familie der Eibengewächse. Sie mag es kühl und feucht und

Diese weithin bekannte „tausendjährige Eibe" lebt an einem herrlichen Aussichtsplatz bei Ardagger in Niederösterreich. Obwohl an ihr schon kräftig herumgeschnitten wurde, bleibt sie standhaft und vital.

fühlt sich im sonnenfernen Halbdunkel tiefer Wälder wohler als am Waldrand oder auf hellen Lichtungen. Die Eibe ist sehr schattentolerant und benötigt, verglichen mit anderen Nadelbäumen (z. B. mit der Kiefer) weniger als ein Drittel der Lichtmenge, um gesund zu gedeihen. Bestimmte Ansprüche an die Bodenbeschaffenheit hat sie nicht.

Aufgrund ihres sehr dichten Wuchses als immergrüner Baum ist sie als Heckenpflanze sehr beliebt, ganze Labyrinthe entstanden mit ihrer Hilfe. Die geringe Frosthärte ist maßgeblich für ihr Verbreitungsgebiet: Sie liebt kühle Sommer und milde Winter, hohe Luftfeuchtigkeit und viel Regen. In Großbritannien ist sie zu Hause, aber auch in der Bretagne und im Norden Spaniens, in Asturien und vor allem: in Irland. In Deutschland gilt Thüringen als das eibenreichste Bundesland, doch der größte zusammenhängende Reinbestand mit über 2300 Exemplaren ist im Paterzeller Eibenwald in Bayern zu finden, unweit des Ammersees am Kloster Wessobrunn. Den größten Eibenbestand Europas gibt es allerdings in der Schweiz, auf dem Gebiet des Uetlibergs bei Zürich, sage und schreibe 20 000 Bäume leben hier.

Die Europäische Eibe zählt zu den erfolgreichsten Spezies der Welt – es gibt sie in dieser Form seit etwa 150 Millionen Jahren.

Seit Anbeginn der Menschheit schreibt sie an unserer Geschichte mit und ist sicherlich einer der bedeutendsten Bäume für uns, besonders in unseren nördlichen Breitengraden. Sie steht für die Suche nach Ursprung, Schutz und Sinn, sie wurde als Tor zur Ewigkeit wahrgenommen und war trotz ihrer Giftigkeit in vielen Epochen ein heiliger Schutzbaum mit großem Nutzen.

FRIEDHOFSBAUM UND SCHUTZMAGIE

Antike Mythen erzählen von den Eibenholz-Fackeln der Furien, den furchtbaren Rachegöttinnen. Den Weg zur Unterwelt stellte man sich von Eiben gesäumt vor – welch eindrucksvolle Parallele zu den Alleen unserer heutigen Friedhöfe.

Für die Kelten war die Eibe so heilig, dass sich ganze Volksstämme nach ihr benannten: Die Eburonen etwa („eburo" ist gallisch für Eibe) verehrten sie nördlich der Eifel als ihren Totembaum, als Sitz der Götter. Julius Cäsar berichtete über die keltischen Völker, die ihre Pfeilspitzen mit Eibennadel-Absud vergifteten, der einen quälenden Tod brachte. Die Überlieferung erzählt, dass einer der beiden Doppelkönige der Eburonen um das Jahr 53 v. Chr. mit einer Mixtur aus Eibensud Selbstmord beging, um den Qualen des Krieges gegen das heranstürmende römische Heer zu entgehen. Bedenkt man den grausam langsamen und schmerzhaften Tod, den das Nervengift verursacht, war das eine kaum nachvollziehbare Entscheidung des Keltenkönigs.

Noch bis weit in die Anfänge der Neuzeit war der Friedhofsbaum jedoch verwoben mit einem schützenden Zauberglauben. „Vor Eiben kann kein Zauber bleiben!", raunte man sich im Spessart zu und trug gerne Amulette aus Eibenholz auf der nackten Haut. Der Baum schützte vor Dämonen, bösen Flüchen und arglistigen Behexungen.

Bis in unsere Zeit hinein nutzt man auf christlichen Friedhöfen den hohlen Leib so mancher alten Eibenbäume und richtet dort Altäre ein. Ein lebendes Gotteshaus entsteht – und auf einmal sind sich christliche Heiligenverehrung und einstmals grausam verfolgte heidnische Baumrituale gar nicht mehr so fremd.

WAFFEN AUS EIBENHOLZ

Aus dem widerstandsfähigen, elastischen Holz wurden jahrtausendelang todbringende Waffen hergestellt: Speere, Lanzen und Bögen. Schon in der Altsteinzeit nutzte der Mensch die einzigartige Zähigkeit des Holzes. Ein in Großbritannien gefundenes Lanzenbruchstück aus Eibenholz wird auf ein Alter von etwa 300 000 Jahren geschätzt. Auch Ötzi war vor über 5000 Jahren mit einem Eibenbogen bewaffnet und nahm ihn mit in sein eisiges Grab.

Im Laufe der Zeit entwickelte sich der „Englische Langbogen", eine leistungsfähige Distanzwaffe, deren Überlegenheit kriegsentscheidend sein konnte. Die

Nachfrage stieg entsprechend, und bereits gegen Ende des 16. Jahrhunderts war die Eibe in Bayern und Österreich fast ausgestorben. Aus der Nürnberger Region dieser Zeit ist überliefert, dass allein im Jahre 1560 rund 36 000 dieser bis zu zwei Meter langen Bögen nach England exportiert wurden – bis auf religiös verehrte Exemplare gab es dort schon längst keine Eiben mehr. Der Bogen des 16. Jahrhunderts jedenfalls war sogar todbringender als die ersten Schusswaffen: Die höhere Durchschlagskraft der Pfeile, die auch Rüstungen durchdrangen, siegte meist über das oft zu feuchte Schießpulver. Doch das Eibenholz ging bald in fast ganz Europa zur Neige, weswegen sich die neuere Technik der Feuerwaffen durchsetzen konnte.

Da die Eibe auch für Pferde, Rinder und Schafe, die sich gerne einmal an den flauschigen Nadeln gütlich tun, eine tödliche Gefahr ist, war zu damaliger Zeit nicht an eine nachhaltige Bewirtschaftung der Eibenbestände zu denken. Neuere Erkenntnisse weisen allerdings auch in eine ganz andere Richtung: Pollenanalysen scheinen zu belegen, dass der Rückgang der Eibenbestände nichts mit der vermehrten Nutzung durch den Menschen im Mittelalter zu tun hatte, sondern vielmehr mit der beachtlichen Verbreitung der Buche. Offensichtlich kann die Eibe dem enormen Konkurrenzdruck nicht standhalten, den ein expandierender Buchenhain entfaltet.

VOM TODBRINGENDEN BAUM ZUM KREBSMEDIKAMENT

„Toxon" bedeutet Pfeil und Bogen auf Griechisch, „Toxikon" dagegen heißt Gift. Aus letzterem leitet sich der botanische Name *Taxus* ab, *Baccata* beschreibt den Ast, an dem Beeren hängen. Volkstümlich wurde die Eibe auch „Bogenbaum" oder „Totenbaum" genannt. Aufgrund ihrer Giftigkeit fand die Eibe nur geringfügig Anwendung in der Volksmedizin, auch wenn Hildegard von Bingen sie überraschend positiv schilderte. Seit einigen Jahren wird jedoch aus den jungen Nadeln der Europäischen Eibe ein Krebsmedikament hergestellt. Chemikern ist es gelungen, aus den Nadeln und Zweigen der Eibe ein als wirksam nachgewiesenes Mittel zu gewinnen, das beispielsweise zur Behandlung von Brustkrebs eingesetzt wird.

EUROPÄISCHE LÄRCHE

Larix decidua

In den letzten Jahrtausenden ist die Lärche für die Bevölkerung der Alpenregion die vielleicht bedeutendste Begleiterin aus der großen Welt der Bäume. Vom Frühling bis zum Herbst ist sie ein vielfarbiger Baum des Lebens. Ihre Nadeln sind im Frühjahr von hauchzartem Grün, wie die frischen Blätter einer jungen Buche, ebenso weich und wohlwollend.

Doch erst der sterbende Sommer weckt ihre Leidenschaft – sie tritt heraus aus der dunklen Verwechselbarkeit der Nadelbäume und wandelt sich in eine lohende Lebensfackel, streckt sich dem herbstlichen Himmelseinerlei entgegen und entzündet ein beispielloses Feuerwerk der Natur. Dann kann sie ganze Hochtäler und Bergzüge in ein flammendes Spektakel aus Orange, Gelb und Rot tauchen, als wolle sie dem nahenden Winter einen roten Teppich ausrollen. Fast möchte man die Augen schließen vor der Kraft ihrer Farben.

HARZ IST DICKER ALS WASSER

Anders als alle anderen heimischen Nadelbäume verliert die Lärche ihr Kleid im Herbst – als wäre sie ein Laubbaum. Doch auch Harz ist dicker als Wasser und sie hat davon im Überfluss; oft sickert es bereits bei leichten Rissen regelrecht aus ihr heraus. Der aromatische Duft, der ihr dann entströmt, verrät schnell ihre enge Zugehörigkeit zur weitverzweigten Familie der Kieferngewächse (*Pinaceae*). In unseren Breitengraden ist die Lärche im Alpengebiet auf bis zu 2400 Metern Höhe und in manchen Mittelgebirgen zu Hause. Daneben kommt sie in Europa im natürlichen Bestand nur in den Karpaten und den Sudeten vor. In der Ebene hat sie allenfalls durch Anpflanzungen Fuß gefasst; in Deutschland gehört sie mit einem Vorkommen von knapp drei Prozent zu den Minderheiten.

Die Borke junger Lärchen ist glatt und von einem grünlichen Farbton, im Alter wird sie aber tief gefurcht und ist dann oft mit Flechten bewachsen, die ihr eine geheimnisvolle Aura verleihen. In Platten umfasst die Borke den Stamm,

Lärchen bilden im Gebirge lichte Waldbestände, sie tolerieren andere Baumarten und Unterwuchs.

der in seltenen Fällen einen Durchmesser von knapp zwei Metern erreichen kann. Ihre starke Wurzelenergie ermöglicht ihr auch unter alpinen Bedingungen einen festen Stand. Mit ihrem Herzwurzelsystem durchdringt sie feste und steinige Böden; in weicheren Gründen kann die Wurzel bis zu zwei Meter tief reichen.

HIMMELHOCH JAUCHZEND, ZU TODE BETRÜBT

In der dunklen Jahreszeit zeigt sie ihre andere, tiefere Seite, denn mit den Nadeln verliert sie all ihre Farbenpracht und Leichtfüßigkeit. „Arbor hieme tristis" nannte der römische Gelehrte Plinius deswegen die Lärche in seiner um 77 n. Chr. entstandenen „Naturalis Historia": den traurigen Baum im Winter. Dabei zeigt der winterkahle Baum eine verblüffende Verästelung seiner Zweige, unzählige Triebe und Kurztriebe sprießen hervor, übersät von kleinen Knoten, in denen bereits die neuen Nadeln für den kommenden Frühling angelegt sind.

Außerhalb ihrer angestammten Siedlungsgebiete in den weiten Bergwäldern der Alpen kommt die Lärche hauptsächlich am Waldrand vor, dann zumeist in kleinen Gruppen von vier oder fünf Exemplaren. Je mehr man auf sie achtet, desto öfter nimmt man sie wahr. Selten begegnet man einem Irrläufer im dichten Wald, doch auch dann wird die Prägnanz ihrer bisweilen sehr windschiefen Gestalt deutlich. Sie braucht Abstand zu anderen Bäumen, sonst kann sie ihren großen Lichthunger nicht stillen. Wie manchen Kiefernarten auch, fehlt ihr häufig die symmetrische Geradlinigkeit von Fichten oder Tannen. Doch wenn sie bedrängt wird, kann sie sich in der Höhe eng und fast zärtlich an die Konturen der benachbarten Bäume schmiegen. Ihr Auftritt dabei ist individuell, sie zeigt Charakter und Einmaligkeit: Die Krone ist an der Spitze oft verdreht, manchmal scheint sie sich auf den letzten Metern ungelenk in den Himmel zu kringeln, ganz so, als würde sie sich nicht höher trauen – ein anderes Mal gleicht sie eher einer vorwitzigen Zwergen-Zipfelmütze. Mit zunehmendem Alter wird die Krone breiter, und durch die vielen, nahezu waagrecht gestellten Äste wirkt der Baum fast wie ein in den Himmel geworfener Anker. Bricht die Krone im Sturm, übernehmen starke Äste die Führung, und es kann sogar eine mehrwipflige Krone oder eine „Kandelaber-Lärche“ mit mehreren nach oben strebenden Stämmen entstehen. In ihrem Wuchsdrang und ihrer Lebenskraft steht sie ihrer Familie der Kieferngewächse in nichts nach: Die Europäische Lärche kann bis zu 50 Meter hoch und über 600 Jahre alt werden, in Einzelfällen sogar weit darüber hinaus.

IM REIGEN DER FRÜHBLÜHER

Die Lärche ist einhäusig, sie bildet also gleichzeitig männliche und weibliche Blüten an einem Baum. Die männlichen Staubgefäße sind kleiner, von goldgelber Farbe und hängend. Um zu verhindern, dass der ausfliegende Pollen des Windblütlers an den eigenen Nadeln hängen bleibt, blüht die Lärche schon vor ihrem Laubaustrieb sehr früh im Jahr, kurz nach Hasel, Weide und Birke. Die weiblichen Blütenstände stehen aufrecht am Zweig und sind anfangs von einem bezaubernden Pink, später sind sie grün und schließlich zu braunen Zapfen verholzt. Schützend bergen sie die reifenden befruchteten Samen in ihren spiralförmig angeordneten Schuppen.

Lärchensamen werden bis zu drei Millimeter groß und verfügen über einen Flügel, um die Kraft des Windes optimal nutzen zu können. Doch bevor es dazu kommt, werden sie oft von hungrigen Schnäbeln aus den Zapfen gepickt: Wenn die Samen ausgebildet sind, jeweils im nächsten Frühjahr nach der Bestäubung, ist der Tisch für die Vogelwelt reich gedeckt. An einem gesunden Baum prangen weit über 3000 mit Samen prall gefüllte Zapfen. Besonders der Erlenzeisig ist hier ebenso gern zu Gast wie bei den Erlen, die über ganz ähnliche kleine Zäpfchen verfügen.

Jahrelang verbleiben unzählige leere Zapfen an den Zweigen, bis der Baum sie abwirft – samt Zweig. Tatsächlich verfügt die Lärche über Sollbruchstellen, die den Baum vor Windwurf schützen und dafür sorgen, dass kleine Äste und Zweige immer wieder abgeworfen werden können, bevor sie den ganzen Baum ins Unglück reißen. Vielleicht nannte man die Lärche in Schlesien „Brechbaum", weil sie deshalb einen so zerbrechlichen und vergänglichen Eindruck macht.

Vom Winterwind erbarmungslos umfaucht, ist es, als sänge sie immerfort leise Lieder vom Verfall: ein fortwährendes „Memento Mori", was aus dem Lateinischen übersetzt „Gedenke deiner Sterblichkeit" bedeutet.

Das kahle Geäst und der brechende Zweig sind Sinnbilder für Vergänglichkeit. Doch das knallige Pink ihrer Blüten und das frische Grün ihrer sanften Nadeln im folgenden Frühling ist ein überwältigendes Überwinden des Todes, ein strahlender Sieg des Werdens. All dies gibt der Lärche mehr als nur eine mystische Note.

EIN RELIKT AUS DEM MOOR

Die Lärche stammt ursprünglich aus dem subpolaren Norden und galt den Schamanen – neben der Birke – bis ins fernste Sibirien als heilig. In diese Richtung deutet auch die älteste von Menschenhand gefertigte Holzstele, die man je gefunden hat: das sogenannte Holzidol aus dem Schigir-Moor. Unweit von Jekaterinburg in Russland stießen Goldsucher im Winter 1890 auf die Reste einer Skulptur, verziert mit geometrischen Mustern und einem absurd kleinen Kopf, archaisch und wild, mit einem wie zum Schrei geöffneten Mund. Das etwa 11 000 Jahre alte, aus einem einzigen Stück Lärchenholz geschnitzte Relikt maß ursprünglich wohl über fünf Meter und wurde durch den Luftabschluss im Moor erstaunlich gut erhalten. Es zeigt eine bis dahin nicht gekannte Kunstfer-

Faszinierendes Farbspektakel: weibliche Blütenstände, die später zu Zapfen heranreifen.

tigkeit aus der Mittelsteinzeit – eine Zeit, in der die Wälder gerade den sich zurückziehenden Gletschern der Eiszeit den Boden wieder abrangen, Jahrtausende bevor die Gizeh-Pyramiden oder Stonehenge entstanden.

VON LEGENDEN UND SAGEN BEGLEITET

Auch bei uns wurde die Lärche kultisch verehrt, insbesondere im Alpenraum. Heilige Lärchen fanden sich an vielen Standorten, beispielsweise in Nauders (Tirol) oder am heutigen Wallfahrtsort Maria Larch im Gnadenwald bei Terfens. Diese Lärche war der Sage nach im 17. Jahrhundert Schauplatz einer Marienerscheinung. Der Volksmund berichtet gar davon, dass ein stummes Mädchen nach einem tiefen Gebet unter diesem Baum ihre Sprache wiedergefunden habe. Leider musste er inzwischen gefällt werden – aus seinem Stumpf haben Pilger zu Tausenden Glücksbringer und Amulette geschnitzt, sodass nun gar nichts mehr von dem heiligen Baum im Gnadenwald übrig ist.

Die Gründung der am höchsten gelegenen Klosterkirche Europas, „Maria Waldrast" am Brenner in Tirol, geht auf eine Lärche zurück. Die Sage heißt

Goldener Lärchen-Herbst: ein Farbrausch in den südlichen Hochtälern der Alpen. Wenn noch kein Schnee liegt, empfiehlt sich eine Barfußwanderung auf dem weichen Waldboden.

„Das Gnadenbild aus dem Lärchenstock zu Waldrast". Wie die Legende will, wurde im Jahre 1392 ein Engel gesandt, der sich vor den damals bereits hohlen, hüfthohen Lärchenstumpf stellte und sprach: „Du Stock sollst der Frauen im Himmel Bild fruchten!" Man sah heilige Lärchen als Wohnstatt der „Saligen" an, elfengleicher Wesen, als Hort heiligen Wissens und als Beschützer von Mensch und Tier.

Schon Plinius schrieb von der erstaunlichen Feuerfestigkeit des Lärchenholzes, wegen der es später auch in Alpenhöfen für Wand- und Dachschindeln genutzt wurde. Eine Tradition, die heute langsam wieder auflebt. Die Lärche galt als mächtiger Schutzbaum und war deswegen in der Nähe der Gehöfte gern gesehen.

Aus der Volksmedizin ist die Lärche seit Jahrhunderten vor allem wegen des „Lärchenpechs" nicht mehr wegzudenken. Aus dem Harz des Baumes einfach herzustellen, wird dem naturbelassenen Balsam eine wundheilende, schmerzstillende und entzündungshemmende Wirkung zugeschrieben. Viel Glauben musste man früher dagegen für die Heilung eines Kropfes aufbringen und „nachts bei Neumond einer jungen Lärche ringsum die Borke abbeißen". Starb das junge Bäumchen ab, sollte auch der Kropf verschwunden sein.

BAUHOLZ FÜR BRÜCKEN, MÜHLEN UND FENSTER

Unter den Nadelhölzern ist das Lärchenholz das härteste und widerstandsfähigste – auch hier wird die Nähe zum Laubgehölz sichtbar. Selbst Eichenholz ist qualitativ nicht besser für den Wasserbau geeignet. Wo große Dauerhaftigkeit gefragt ist, kommt Lärchenholz zum Einsatz, im Brücken- genauso wie im Mühlenbau. Auch für Gruben- und Erdarbeiten wird es herangezogen, und es wird zu Bottichen und Fässern verarbeitet. Im Hochbau nutzt man es gern zur Herstellung von Fensterrahmen, Türen, Böden und Treppenstufen.

WEIDE

Salix spec.

Als trüge sie ein schweres Geheimnis, eine weihevolle Bürde, so steht die Weide an Bachläufen, Rinnsalen und Wildbächen. Ihre Heimat sind Fluss- und Seeufer, feuchte Auen und sumpfiges Land. Sie liebt das Wasser, den Regen und „scheint im Nebelstreif so grau", dass man sie im Herbst schnell für eine der unheilvollen Töchter des Erlkönigs halten mag.

Wie anders empfindet man ihre Anwesenheit aber an einem sonnenhellen Sommertag, wenn man die heiß gewanderten Füße in einem Bachlauf kühlt, dabei auf einer ihrer Wurzelschleifen sitzt und die geheimsten Gedanken mit ihr teilt, vorbehaltlos und vertrauensvoll.

EIN LEBENSWÜTIGER WINZLING

Das Leben einer Weide beginnt immer abenteuerlich, stürmisch und unberechenbar: Der nur etwa einen Millimeter kleine, kaum sichtbare Samen wird vom Mutterbaum fürsorglich in ein flockenartiges Gewebe eingebunden, bevor er im April oder Mai der Obhut des Windes anvertraut wird. In der nahen Umgebung einer dann „streuenden" Weide kann es mitten im Frühjahr aussehen wie im tiefsten Winter: Wie kleine Schneeflocken schaukeln die flaumigen Samen durch die laue Frühlingswelt. Durch das geringe Gewicht und die gute Flugfähigkeit kann der Wind das vorwitzige Samenkörnchen über sehr weite Strecken tragen. Wenn es dann auf günstige Umstände und guten Boden trifft, verliert es keine Zeit und beginnt bereits nach wenigen Stunden zu keimen. Innerhalb des ersten Lebensjahres kann es seine Körpergröße bis zu 700 Mal vervielfachen und erreicht dann bereits eine Höhe von etwa 70 Zentimetern.

Doch das „Wunder Weide" beginnt viel früher. In den Tiefen ihres Holzes hat sie bereits im Vorjahr Kätzchen angelegt, die ganz im Stillen in ihr schlummern.

Unbemerkt hat sie in den dunklen Monaten des Jahres die Produktion abertausender, lebensstiftender Pollenkörner eingeleitet. Die Kätzchen erscheinen gegen Ende Februar noch vor dem Laubaustrieb als fingerhutgroße, silbern schimmernde Samtknollen. Erst wenn sich die männlichen Kätzchen öffnen und der hauchzarte Blütenstaub in kleinen Goldwölkchen in die noch winterklamme Februarluft steigt, kann man erkennen, ob man vor einer männlichen oder weiblichen Weide steht: Weiden sind zweihäusig getrenntgeschlechtig, das heißt an einem Baum kommen entweder nur weibliche oder männliche Blüten vor. Die weiblichen Kätzchen sind anfangs geringfügig kleiner und strecken sich mit der Befruchtung, um die in ihnen werdenden Samenwinzlinge beherbergen zu können. Sie hüllen sich in die Flockenpracht der kleinen Samenkörner ein, bis der Wind sie ihnen mit sanfter Gewalt für immer nimmt.

Die (Sal-)Weidenblüte bringt zusammen mit der Hasel das erste große Nahrungsangebot des Jahres für die vom Winter arg dezimierten Bienenvölker. Auch über 100 verschiedene Schmetterlingsarten sind ganz oder teilweise von ihr abhängig. Wie die Eiche viel später im Jahr, so gibt sich die Weide bereits im ausgehenden Winter der Tierwelt hin – und ermöglicht ihr das Überleben nach einer langen harten Zeit. Schon bald springt ihr die Birke bei, und damit ist der Reigen der erlösenden Blütezeit des Frühlings endgültig eröffnet. Die geleerten männlichen Weidenkätzchen werden bald abgestoßen und liegen zu Tausenden unterhalb des Baumes, wo sie vielen Bewohnern von Wald und Flur wiederum zu einer wertvollen Nahrung werden.

DIE VIELEN GESICHTER DER WEIDEN

Auch nach der Blütezeit ruht die Weide nicht; jetzt kommt die kräftezehrende Zeit des Blattaustriebs. Die Salweide kann dabei viele verschiedene Blattformen ausbilden: von bis zu zehn Zentimeter langen, schmalen Blättern bis hin zu rundlich-ovalen. Sie sind leicht gezahnt und schimmern an der Oberseite graugrün, an der Unterseite in einem filzigen Grau.

Ist man sich anhand der Kätzchen unsicher, so sind Sal- und Silberweide am besten durch die Blattformen auseinanderzuhalten, denn bei letzterer sind die auffällig schmalen, lanzettförmigen Blätter unterseits in einem silbrigen Grau zart behaart. Die Borke des manchmal sehr knorrigen Stammes ist braun bis grauschwarz und in lange Furchen zerrissen.

Bald schon wird die Samenwolle vom Wind mitgenommen, was großflächig für Nachwuchs sorgt.

ARTENVIELFALT

Salweiden gehören mit insgesamt über 400 Arten zur großen Familie der Weidengewächse. Die Gestalt von Weiden kann sehr variieren: Es gibt sie als nur wenige Zentimeter hohe Buscharten und auch als bis zu 30 Meter hohe, ausufernde und breite Bäume, die einen halben Fluss überspannen können. Viele Verzweigungen und zarte Verästelungen bilden eine ungelenke, fast unförmige Krone, die breiter werden kann, als der Baum hoch ist. Genauso agil wie in den Himmel greift die Weide in den Boden – tief verwurzelt in der feuchten Erde gibt sie ihr Halt und Festigkeit.

Am leichtesten zu erkennen ist wohl die bekannte Trauerweide, die mit ihrer breit ausladenden Krone und den hängenden Zweigen Schwermut symbolisiert. Kopfweiden, die entstehen, indem ihre Zweige immer wieder fast bis zum Stamm zurückgeschnitten werden, verstärken den mystischen, unheimlichen Eindruck der Weide. Sie regen die Fantasie dazu an, unheimliche Fratzen und Hexengrimassen zu entdecken.

Eines haben alle Weidenarten gemeinsam: Das Leben ist ihnen kaum auszutreiben. Mit unstillbarer Lebenslust schlägt ein zufällig in die Erde gesteckter Zweig wieder aus. Selbst eine im Sturm entwurzelte Weide kann an ihrer Krone wieder einwurzeln und neu beginnen! Niemals gibt sie sich verloren – und hat doch ein im Vergleich recht kurzes Leben, denn mit spätestens 200 Jahren ist das Holz entkräftet und ausgemergelt, die Widerstandsfähigkeit geht verloren. So schnell, wie sie wächst, vergeht sie wieder im sumpfigen Boden.

WEIT GEREISTER BAUM, WELTBEKANNTES SCHMERZMITTEL

Unter den Weidenarten bildet die Salweide eine große Ausnahme: Anders als alle ihre Verwandten kommt sie auch in trockeneren Gebieten vor. Weiden sind in ganz Mitteleuropa beheimatet, die Silberweide ist hier die häufigste Art. Darüber hinaus sind sie in Asien zu finden, im Norden Afrikas und in Südamerika. Überraschenderweise ist der an sich wärmeliebende und lichtbedürftige Baum mit bis zu minus 32 Grad Celsius extrem frosthart und kann deshalb bis an den Rand der Arktis und bis in Höhen von über 1800 Meter klettern.

Weiden fühlen sich in unregelmäßig überfluteten Auen in Gesellschaft von Pappeln und Erlen sehr wohl. In solchen Gebieten, die unseren Ahnen als unheilvoll und verflucht galten, konnte man in einem unübersichtlichen Sumpf schnell sein Leben verlieren. Die Weide wurde zum Teufelsbaum, in dem Hexen Zuflucht fanden. Im Zauberglauben alter Zeiten galt die Weide daher als Unglück bringender Baum. Nichtsdestotrotz sind die Kätzchen spätestens seit dem 7. Jahrhundert n. Chr. nicht mehr von den Palmzweigen wegzudenken, die jährlich zu Ostern in der Kirche geweiht werden. Die büschelweise zusammengebundenen Weidenzweige hatten auch im Volksbrauchtum Bedeutung: Man steckte sie beispielsweise in den Ackerboden, um ihn fruchtbar zu machen, oder befestigte ihn an den Fenstern der Häuser, um Hexen und Dämonen zu vertreiben.

Die Bezeichnung Salweide entwickelte sich aus dem althochdeutschen Wort „salaha", das für sich genommen bereits Weide bedeutet. Dies erweiterte man um den deutschsprachigen Zusatz „Weide", um Unterscheidungen zu anderen Weidenarten machen zu können. Der Name weist auf ihre Freigiebigkeit gegenüber den Tieren hin, die sich an ihr weiden und steht darüber hinaus für die vielseitige Verwendbarkeit des Baumes, an der wir Menschen uns weiden können. Die biegsamen Flechtgerten werden noch heute für die Herstellung von Körben, Besen und im Wasserbau für Faschinen verwendet, mit denen man brüchige Bachböschungen schützt.

Den größten Segen für kranke und schmerzgeplagte Menschen bringt die Weide jedoch mit ihrer grauen Borke, in welcher der Grundstoff von Acetylsalicylsäure enthalten ist – weltweit als Aspirin bekannt.

AHORN

Acer spec.

Alte, frei stehende Bergahorne sind häufig beeindruckende, imposante Gesellen mit wuchtigen Stämmen und ausladenden, kuppelartigen Kronen. In den Alpen sind sie oft die jahrhundertealten, stolzen Hüter großer Höfe. Meist weiß niemand mehr so genau, ob der Baum von den Erbauern des Hofes als Schutzbaum gepflanzt oder ob der Hof wegen des Baumes genau hier gebaut wurde. Kraftstrotzend und sehr selbstbewusst behaupten sich Ahorne auch in Bergregionen, die für die meisten anderen Laubbäume aufgrund der Höhe oder der unwirtlichen Temperaturen nur schwer zugänglich sind. Keine andere Baumart zeigt sich so kraftvoll in ihrem Wuchs und ihrer Blüte wie der Ahorn.

FELD, SPITZ, BERG

Insgesamt gibt es weit über 100 Ahornarten, die meisten in der nördlichen Hemisphäre. Die drei in Deutschland hauptsächlich vorkommenden Arten sind der Spitzahorn, der Feldahorn und – als der mächtigste Vertreter – der Bergahorn. Er wächst in seiner Jugend fast immer „monopodial", das heißt, er entwickelt nur einen einzigen Hauptstamm und gabelt sich kaum. Daher ist sein Höhenwachstum anfangs enorm: Bis zu zwei Meter jährlich sind keine Seltenheit. Schließlich muss der junge, aufstrebende Baum schnellstmöglich in Höhen vordringen, in denen er genügend Sonnenlicht bekommt.

Erst im Alter von 20 bis 30 Jahren überwindet der Ahorn seine Sturm- und Drangzeit, wird etwas gelassener und selbstbewusster. Nun beginnt sich seine Kronenarchitektur merklich auszuprägen: Bedingt durch die verwinkelte Anordnung der Blütenstände kommt es hier fast ausschließlich zu einer gabeligen Verzweigung der Sprosse. Fast wie bei einem ausgewachsenen Walnussbaum (siehe Seite 127) entwickelt sich so ein von außen kaum einsehbares System, das zu sehr beeindruckenden Kronenbildungen führt. Ausgewachsen misst der Bergahorn stolze 35, manchmal fast 40 Meter Höhe und er kann ein Alter von

Bergahorne wie dieses 400-jährige Exemplar auf der Waldalpe im Bregenzerwald sind die mächtigsten Laubbäume der höheren Lagen. Ihre gelbe Herbstfärbung ist atemberaubend (siehe nächste Seite).

500 Jahren erreichen. Die vormals glatte, graue Rinde entwickelt dann die typische, in Platten zerrissene Borke des Ahorns, die oft zu Verwechslungen mit der Platane führt. Gerne siedeln sich hier Flechten und Moose („Epiphyten") an, mehr als an jeder anderen europäischen Laubbaumart. Dabei sind die fransig herabhängenden Zotteln der sensiblen Bartflechten ein Zeichen für eine hohe Qualität der Umgebungsluft. Dieser Baumschmuck führt zu wunderbaren, abwechslungsreichen Strukturen – die geheimnisvollen Farbspiele einer alten Ahornborke fesseln den Blick. Der feste Stamm und die kräftigen Äste können so dicht von Flechten überwuchert werden, dass die Rinde des Baumes selbst kaum mehr zu sehen ist. Das verleiht dem Baum ein märchenhaftes, fast verwunschenes und ehrwürdiges Aussehen.

GEHEIMNISVOLLE BLÜTEN

Auch die bis zu handtellergroßen Blätter ähneln denen der Platane: Sie verfügen über fünf nahezu gleich große, spitz zulaufende Lappen. Ende April beginnt der Bergahorn, sein Laub zu treiben, und fast zeitgleich entwickeln sich die zwittrigen Blüten in hängenden, traubenförmigen Rispen. Wie an kleinen, grüngelben Girlanden befestigt, finden sich männliche und weibliche Blüten darin. Sie sind jedoch nicht gleichzeitig aktiv, um eine Selbstbestäubung des Baumes zu vermeiden. In einem (seltener vorkommenden) größeren Bestand aus Ahornen blühen bei einigen Bäumen zuerst die männlichen Blüten („vormännlich") und danach die weiblichen. Die restlichen Bäume an diesem Ort machen es genau umgekehrt! Weder ist bekannt, ob es eine Vereinbarung

zwischen den einzelnen Baumindividuen gibt, noch ob es jedes Jahr die gleiche Folge ist. Ganz offensichtlich wird dies jedoch nicht dem Zufall überlassen – es bleibt das Geheimnis des Ahorns.

Der reichliche und offen angebotene Blütennektar lockt viele Insekten, die hier gerne zugreifen und zum Dank die Bestäubung übernehmen. Im späten September sind dann die Früchte reif: Die kugeligen Samen weisen einen hellbraunen Flügel auf, der aussieht wie ein kleiner Propeller. Sie hängen paarweise an den ehemaligen Blütenständen. Hier warten sie darauf, dass der Wind sie pflückt und in die Welt trägt, was manchmal Monate, oft bis in das nächste Jahr hinein dauern kann. Kein Geringerer als Leonardo da Vinci ließ sich davon inspirieren: Das Universalgenie hatte etwa 1490 n. Chr. die Idee einer „Luftschraube" – nachdem er die geflügelten Ahornsamen bei ihrem imposanten Flug beobachtet hatte, wie man heute annimmt. Dennoch dauerte es fast weitere 450 Jahre, bis der erste Hubschrauber mithilfe eben dieses Fortbewegungsprinzips abheben konnte.

Der Ahorn entwickelt ein intensives Herzwurzelsystem, das genauso kraftvoll in die Erde greift wie sein Kronengeäst in den Himmel. Es verfügt über ein außergewöhnlich zielstrebiges Tiefenwachstum. Stößt die Wurzel auf ein Hindernis, verzweigt sie sich unverzagt in die Breite. Dies versetzt den Baum sogar in die Lage, auf bewegten Geröllfeldern Fuß zu fassen. Verletzungen kann er schnell ausheilen und er ist relativ unempfindlich gegen Steinschlag. Sind die Wunden jedoch zu tief, kann er daran zugrunde gehen und tragisch „verbluten".

URSPRÜNGLICHE BERGWÄLDER ALS HEIMAT

Der Bergahorn kommt in unseren Wäldern freilebend nicht allzu häufig vor – durch den geringen Anteil von nur knapp zwei Prozent am deutschen Wald ist es eher Glückssache, ihn in freier Wildbahn anzutreffen.

Es mag wenig überraschen: Die angestammte Heimat des Bergahorns sind die tiefen Bergwälder. Weltberühmt sind die „Ahornböden" der Almen des Karwendelgebirges, wo die weiten Ahornbestände ein farbenfrohes Duett mit den herbstlich gefärbten Lärchen feiern. Der Bergahorn besiedelt vorzugsweise Almen und Bergwiesen und genießt dort das feuchte, niederschlagsreiche Klima. In den nördlichen Alpen kommt er bis über 1700 Meter vor und im Schweizer Kanton Wallis wurde er schon auf über 2000 Metern Höhe gesichtet. Aber auch entlang der mitteleuropäischen Bach- und Flussläufe siedelt er sich an. In Nordspanien und in den Pyrenäen trifft man Ahornarten genauso wie im Inland Italiens, bis hinab nach Sizilien, in Griechenland nur bis an den nördlichen Peloponnes, und nach Osteuropa über Polen bis hin zur Ukraine. Doch nur in den seltensten Fällen tritt er bestandsbildend auf, er streut sich gern in buchenreiche Misch- und subalpine Fichtenwälder.

DER UNGLÜCKSBAUM DER ANTIKEN GRIECHEN

Sein biologischer Name *Acer* ist lateinisch und bedeutet spitz oder scharfkantig, *pseudoplatanus* verrät beim Bergahorn die augenfällige Ähnlichkeit mit der Platane. Schon vor 8000 Jahren schnitzten jungsteinzeitliche Ackerbauern aus dem hellen Holz Schalen und Löffel. Im antiken Griechenland allerdings war dieser heitere, sorglose Baum Ares geweiht, dem Gott des Krieges, des Blutbades und des Massakers – sah man in seinen tanzenden Schattenbildern vielleicht mordlüsterne Fratzen? Auch nach dem griechischen Historiker Pausanias (115–180 n. Chr.) war der Ahorn ein Unglücksbaum, der Phobos ergeben war, dem Dämon des Entsetzens.

Dagegen berichtet die Geschichte, dass der römische Philosoph Cicero seine Gäste an einer gewaltigen Tafel aus dem hellen Holz des Ahorns bewirtete. Welche Wonne muss es gewesen sein, an dieser Tafel seinen Reden zu lauschen! Den Kelten wiederum galt das strahlend weiße Holz des Ahorns schon immer als Zeichen makelloser innerer Reinheit. Obwohl der auffällige Baum unseren Vorfahren geläufig gewesen sein muss, spielt er in den reichen nordischen und germanischen Sagenwelten kaum eine Rolle.

Im Mittelalter zählte man den Ahorn aufgrund seines lustigen Schattenspiels zu den gelassenen, heiteren Bäumen. Er wurde voller Harmonie wahrgenommen und stand im Ruf, antidämonische Zauberkräfte zu besitzen.

Die Schwellen der Haustüren wurden aus seinem Holz gefertigt, um Hexen und bösen Geistern den Zutritt zu verwehren. Die Volksmedizin wusste die Größe der Blätter zu nutzen und legte sie zur Kühlung auf tiefe, pochende Wunden. Sie wurden dafür zu Johanni gepflückt, getrocknet aufbewahrt und vor der Verwendung in kochendem Wasser eingeweicht.

Als einzeln stehende Bäume („Solitäre") veredeln Ahornbäume die Landschaft – mit ihrem perfekten Wuchs und ihrer kraftvollen Anmutung.

SAUERKRAUT UND ZUCKERSIRUP: DER AHORN ALS LEBENSMITTELLIEFERANT

Der kleine Bruder des Bergahorns, der Feldahorn, war ein sehr wichtiger Nahrungslieferant, woher sein althergebrachter Volksname „Maßholder" stammt: „Maß" kommt vom althochdeutschen „mazzaltra", das sich vom germanischen „mat" für Speise ableitet. Man erntete seine jungen Blätter nicht nur als Futter für das Vieh, sondern legte sie als Vorrat für karge Wintertage ein wie Sauerkraut, stampfte und vergor sie. Gesunde Inhaltsstoffe wie Flavonoide, Gerbstoffe, Kalium, Mangan, Eisen und der hohe Eiweißgehalt machen die Ahornblätter zu einer ergiebigen Proteinquelle.

Heute ist der Ahorn durch seinen köstlichen, sehr zuckerhaltigen Sirup fast jedem Kind bekannt. In Kanada und den USA darf er auf keinem Pfannkuchen fehlen. Sein Blatt ist als Nationalsymbol Kanadas weltberühmt („Maple Leaf"), auch wenn es sich dabei genau genommen um ein stilisiertes Blatt des Zuckerahorns handelt. Nichtsdestoweniger war die Technik zur Herstellung des Ahornsirups auch bei uns im Mittelalter bereits gängige Praxis. Das Anstechen der Stammrinde und das Auffangen des Blutungssaftes macht bei unseren heimischen Ahornarten heute jedoch keinen Sinn mehr; die Qualität ist zu gering.

Die hervorragenden Klangeigenschaften und das optimale Schwingungsverhalten des Ahornholzes prädestinieren es für den Instrumentenbau. Für Zupf- und Streichinstrumente wird es im Zusammenklang mit Fichtenholz gerne genutzt. Neben dem Birnbaumholz verleiht es einer gedrechselten Flöte den schönsten, wärmsten Klang.

APFELBAUM

Malus spec.

Es gibt eine unüberschaubare Menge an Literatur über den Apfel: Mythen, Legenden, biblische Auslegungen und historische Werke füllen ganze Bibliotheken. Es gibt vieles zu wissen, zu diskutieren und zu berichten über diesen geschichtsträchtigen Baum. Doch nichts kann dieses eine ganz individuelle Erlebnis ersetzen, nichts führt mir deutlicher die wahrhaft große Bedeutung des Apfels für die menschliche Kulturgeschichte vor Augen als der Geruch von Butterbrot und Apfelschnitzen. Geht er mir in die Nase, so wirble ich umgehend in der Zeit zurück, und Bilder fast vergessener Erlebnisse tauchen auf: Der Haken an der Garderobe des Kindergartens, an den ich nicht heranreiche, sonnige Pausenhöfe, die ersten Klassenkameraden. Und diese Erinnerungen sind fast immer gut. Welche Bedeutung der Apfel für den einzelnen Menschen und seine Geschichte hat, bedeutet er nicht weniger für unseren gesamten Kulturkreis, unser kollektives Gedächtnis. Der Apfelbaum wurzelt wahrscheinlich tiefer in unserem religiösen und kulturellen Menschentum als alle anderen Bäume.

DIE URSPRÜNGE DES KULTURAPFELS

Gemeinhin wird angenommen, dass der Wild- oder Holzapfel die Mutter aller Apfelsorten sei. Dieser naheliegende Gedanke ist jedoch falsch – unser Kulturapfel stammt von einer süßeren und aromatischeren Apfelsorte aus Asien (*Malus sieversii*) ab, die es noch heute in Kasachstan, in der Gegend um Almaty (früher: Alma Ata) gibt. Er gilt als „Urapfel" und wurde bereits vor über 2000 Jahren kultiviert. Im Vergleich zu den Äpfeln, die wir aus den Supermarktregalen kennen, ist der wilde Holzapfel unserer Wälder sehr klein, mehr als 3,5 Zentimeter Durchmesser erreicht der grüngelbe Obstzwerg kaum.

Dem Wildapfel geht es ähnlich wie seiner verwilderten Schwester, der Wildbirne. Beide kommen in der Natur kaum mehr reinrassig vor oder sind zumindest sehr schwer nachzuweisen. Dafür bräuchte man das Referenzobjekt, also den tatsächlichen Holzapfel, wie er einst nach der Eiszeit aus dem Kaukasus zu uns eingewandert war. Frei lebende Exemplare sind oft Nachkommen irgendeines Kulturapfels, der vermutlich irgendwann aus der Enge eines Schrebergartens geflüchtet ist, sich mit anderen Gartenflüchtern oder wirklichen Holzäpfeln durchmischt hat und erst danach wieder gelernt hat, in der Freiheit zurechtzukommen.

Der Apfel ist nicht nur das älteste kultivierte Kernobst, sondern seit Menschengedenken auch das beliebteste – selbst in den aus der Stein- und Bronzezeit stammenden Pfahlbauten am Bodensee sind fast 6000 Jahre alte, verkohlte Apfelreste gefunden worden. Die Archäologen rätseln noch: Was waren das für Äpfel? Wilde Holzäpfel oder die ersten Versuche, sie zu kultivieren und zu züchten? Wie lagerte man die Äpfel in den urzeitlichen Behausungen? Waren sie ein alltägliches Essen für jedermann oder waren sie ein seltenes Festmahl? Geschmacklich jedenfalls waren diese vorzeitlichen Bratäpfel für die wenig verwöhnten Gaumen unserer Vorfahren sicher ein Genuss. Wie wir haben sie diese vielleicht in der Weihnachtszeit am liebsten gegessen, zur Wintersonnwende und in den eisigen Raunächten.

MAL BAUM, MAL STRAUCH

Als sehr lichtbedürftiger, aber konkurrenzschwacher Baum kommt der Apfelbaum in unseren heutigen Wäldern so gut wie gar nicht vor. Er braucht die Offenheit des Waldrandes, der freien Felder oder der Wegböschungen. Nur an solchen Standorten kann er sich zu einer durchaus beachtlichen Baumgestalt aufrichten und erreicht dann Höhen von bis zu zehn Metern. Zumeist hat er eine bizarr geformte Krone, die schon in geringer Höhe ansetzt und trotz Verletzungen und Astbruch dank seines hohen Regenerationsvermögens sehr dicht werden kann – und oft verzerrt oder entstellt wirkt. Häufig bückt er sich jedoch eher strauchartig ins Dickicht, wo er versucht, ein möglichst unauffälliges Dasein zu führen.

Zur Blütezeit misslingt ihm das jedoch gehörig. Zuvor entwickelt er aber seine Blätter, die bis zu neun Zentimeter lang werden, spitz zulaufen und eiförmig doppelt gezahnt sind. Sie sind auch an der Unterseite kahl und nicht behaart, ein wichtiges Unterscheidungskriterium des „Wildapfels" zum reinen Kulturapfel. Die außerordentliche Schönheit der Blütentracht teilt er wiederum

Wenn der Obstertrag alter Apfelbäume
nicht mehr wirtschaftlich ist, bleiben
manche von ihnen dennoch erhalten,
weil sie uns Menschen so nahestehen.
Hier lässt es sich gut verweilen.

mit ihm: Seine reinweißen, außen rosa umhauchten Blüten, die er Ende April, Anfang Mai öffnet, stehen an den Kurztrieben in kleinen Grüppchen zusammen. Wie von einem weißen Blütenkleid übergossen, prangt der Baum oder der Busch in seiner ganzen Anmut, fast scheint es ihm ein bisschen unangenehm zu sein. Die Pollen spendenden Staubblätter quirlen aus den Blüten hervor und werden gern von Wild- und Honigbienen besucht. Ein zarter Rosenduft, von dem berichtet wird, er sei nachts stärker als am Tag, umhüllt ihn über den Zeitraum der Blüte hinweg.

Apfelbäume sind, wie alle Obstbäume der großen Familie der Rosengewächse, einhäusig und zwittrig. Das bedeutet, dass die Blüten sowohl männliche als auch weibliche Anteile entwickeln. Um eine Selbstbestäubung durch die eigenen Pollenkörner zu minimieren, werden die weiblichen Fruchtblätter früher reif als die männlichen Staubblätter. So ist die Wahrscheinlichkeit hoch, dass die Befruchtung durch ein Pollenkorn geschieht, das nicht demselben Baum entsprungen ist.

Die Borke des Wildapfels ist graubraun, schuppig und längsrissig. Er braucht viel Kraft für seine tiefe Herzwurzel, die sich auch horizontal weit ausbreiten kann. Stößt dabei ein Wurzelstrang wieder an die Oberfläche, kann daraus ein neuer Pflanzentrieb entstehen. So kann sich der Apfel auch gut durch die sogenannte „Wurzelbrut“ oder den „Stockausschlag“ vermehren, sogar in einem für ihn sehr hohen Alter von 100 Jahren und mehr.

FUTTERTROG FÜR WILDTIERE

Im September, Oktober finden sich die Früchte an den Zweigen. Die kleinen Holzäpfel, die nur selten eine rötliche Färbung aufweisen und auch sonst nicht viel mit den bekannten Kulturäpfeln zu tun haben, fallen zu Boden und werden dort von den Waldbewohnern gefressen. Rehen, Hirschen, aber auch Igeln dienen sie als reichhaltige Nahrungsquelle. Für die menschlichen Geschmacksknospen unserer Breitengrade ist dieses Erlebnis dagegen weniger zu empfehlen: Holzäpfel sind sehr sauer, mit äußerst bitterem Abgang. Roh ist diese Frucht kaum zu ertragen, nur gedörrt oder gekocht kann man sie genießen – oder als Edelbrand (auch das besser nur in Maßen).

Der Holzapfel gehört bei uns heute zu den seltensten Baumarten und kommt nur noch sehr zerstreut vor. Größere Vorkommen werden allenfalls aus Teilen der Elbauen und dem Ost-Erzgebirge gemeldet. Deutschlandweit sind es laut dem Bundesamt für Landwirtschaft und Ernährung nur etwa 5500 Exemplare. In den Alpenländern sieht es etwas besser aus. Der Baum kommt nahezu in ganz Europa vor – allerdings fast immer nur vereinzelt, weswegen es für die Baum-Individuen immer schwerer wird, Fortpflanzungspartner zu finden. Die Art ist stark gefährdet.

Waldwirtschaftliche Bedeutung erlangte das schlecht brennbare Holz des Apfelbaumes nie. Im Kunstgewerbe und in der Drechselei findet es eine Nische. Spulen, Salatbestecke, Schachfiguren, Obstpressen, Eierbecher und ähnliche Dinge werden aus Apfelbaumholz hergestellt. Dazu ist das Holz wild lebender Apfelbäume das wertvollste. Aber es gibt nicht mehr viele davon und auch die alten, ehrwürdigen Streuobstwiesen, auf die sich so mancher Gartenflüchter zurückgezogen hat, werden immer seltener.

SINNBILD DER LIEBE UND SINNLICHER BEGIERDE

Der Begriff Apfel leitet sich von den ehemals gebräuchlichen althochdeutschen Namen „affaltra“ und „apful“ ab, die von dem älteren germanischen Wort „apitz“ kommen. Ganz gleich, ob es nun tatsächlich die verführerische Kraft eines Apfels war, die den Menschen den Platz im Paradies kostete oder nicht – er ist mit einer mythologischen Bedeutung und Symbolik verbunden wie keine andere Frucht. Er gehört zum Urgrund unseres Daseins, versinnbildlichte von Anfang an das Leben und steht bis heute für die weibliche Kraft, Sexualität und Fruchtbarkeit. Dionysos, der griechische Fruchtbarkeitsgott, galt als Schöpfer des Apfelbaums, den er wiederum Aphrodite schenkte, der Göttin der Liebe, der Schönheit und der sinnlichen Begierde. Die Tochter der Nachtgöttin Nyx, die „aus der Nacht geborene“ Göttin des gerechten Zorns, Nemesis, trug zum Zeichen des ewigen Lebens stets den Zweig eines Apfelbäumchens bei sich.

Auch bei Goethe taucht der Apfel als weibliches Symbol auf, als Mephisto und Faust in der Walpurgisnacht auf dem Blocksberg tanzen und eine junge Schöne unverblümt auf des Doktors Begehren antwortet:

> **„Der Äpfelchen begehrt ihr sehr, und schon vom Paradiese her.**
> **Von Freuden fühl ich mich bewegt, dass auch mein Garten solche trägt!“**

Rund um den Bodensee gedeihen die Apfelbäume im gemäßigten Klima besonders gut. Eine solche naturnahe Streuwiese ist mit ihrer opulenten Artenvielfalt ein Natur-und Kulturgut ersten Ranges.

Nicht erst seit dem Mittelalter galt der Apfel auch als Symbol der weltlichen Macht, bereits im antiken Persien stand er für herrschaftliche Autorität. Zum Machtsymbol „Reichsapfel“ umgewandelt, vermittelte er ab dem 10. Jahrhundert n. Chr. durch seine runde Form Vollkommenheit, Ganzheit und Einheit. Das zumeist goldene, apfelgroße Herrschaftszeichen bildete eine Weltkugel mit einem aufgesetzten Kreuz nach und war oft reich mit den Insignien der Macht verziert – mit Juwelen und anderen Edelsteinen.

ONE APPLE A DAY KEEPS THE DOCTOR AWAY

Dieser Spruch ist jedem geläufig, denn die Anwendungsgebiete des stark Vitamin-C-haltigen Apfels sind so vielfältig wie die Mythen, die sich um ihn ranken. In der mittelalterlichen Volksmedizin wusste man es sogar noch besser: Wer am Ostermorgen auf nüchternen Magen einen Apfel zu sich nahm, war das ganze Jahr hindurch vor Krankheit gefeit.

Wie einige andere Baumarten stand auch der Apfelbaum in dem guten Ruf, Krankheiten aufzunehmen. Hans Sterneder, ein österreichischer Schriftsteller und Volkskundler, beschreibt in seinem 1928 erschienenen Buch „Frühling im Dorf“ den alten Brauch des „Einpflockens“ von Krankheiten. Aus dem harten Holz einer vom Blitz getroffenen Eiche („Blitzbaum“) wurde von einem zumeist schwer kranken Menschen ein kleiner, spitzer Pflock geschnitzt, kleiner als ein Daumen. Um die Spitze dieses Pflocks musste ein Büschel der eigenen Haare gewickelt werden, bevor er in die Ostseite eines Obstbaumes gerammt und eingehämmert wurde. Das sollte die Krankheit auf den Baum übertragen. Die gebeugten, ihrer Seele beraubten Apfelbäumchen der großen, gewinnorientierten Plantagen unserer heutigen Zeit eignen sich dafür wahrscheinlich weniger.

BUCHE

Fagus spec.

Die oft als „Königin des Waldes“ bezeichnete Buche ist eine der letzten im Reigen derer, die im Frühling ausschlagen und ihre Blätter neugierig in die Welt recken. Frühestens Ende April, Anfang Mai kann man beobachten, wie sich die noch zusammengerollten, jungen Blätter aufrichten und ausdehnen, noch eingehüllt in ihre starken, braunen Knospenschuppen. Die im Winter nach innen gerichtete Aufmerksamkeit des Baumes wendet sich nun der Welt zu, als wolle er ihr etwas schenken, etwas zurückgeben von dem, was er sich in den vergangenen Monaten in aller Stille nahm. Mit der sanften Macht des pulsierenden Lebens entwinden sich die Blätter zögerlich und drehen sich hinaus in das Licht, halten sich noch gegenseitig:

Wie in eine offene Hand schmiegen sich die zarten kleineren Blättchen in die etwas größeren Außenblätter.

In einer für unser Auge nicht wahrnehmbaren Geschwindigkeit lösen sie sich langsam voneinander, verlieren ihre Verletzlichkeit, strecken sich und glätten ihre Falten. Und bald schimmert der ganze Baum in sanftem, seidenem Grün, als strahle er aus seinem tiefsten Sein.

Die Ouvertüre ist gespielt, nun beginnt das Schauspiel! Freudig tanzt der Wind um die mächtige Krone, streift die Zweige, rüttelt an Ästen, umwirbelt die Blätter, entlockt ihnen ein lebensfrohes Rauschen und Rascheln und lässt die vergangenen Wintertage endgültig in Vergessenheit versinken. Wenn die Buche grünt, ist der Sommer zum Greifen nah. Etwa 600 000 Blätter entwickelt eine große Buche innerhalb kürzester Zeit, Jahr für Jahr. Jedes ist einzigartig im Universum – wie der Baum, dem es entsprießt. Und als würden sich zu dieser Zeit die Riesen eines Buchenhains miteinander zu einer gewaltigen Kuppel verbinden, machen sie sich nun gemeinsam auf, die alles überragenden Tempelhallen aus Ast und Blattwerk zu bilden, die uns beim Frühlingsspaziergang so sehr an die Weite alter Kathedralen erinnern: ein gigantisches Blätterdach, gestützt von himmelhohen Säulen. Als sei diese Welt nur entstanden, diesen einen Moment zu würdigen, als würden alle Zeiten in einem Augenblick kumulieren, steht man ehrfürchtig, ja fassungslos inmitten dieses Wunders.

GLATTE RINDE ALS ERKENNUNGSZEICHEN

Die bei uns heimische Rotbuche gehört zur Familie der Buchengewächse. Der Zusatz „Rot“ deutet auf die Farbe des frisch geschlagenen Holzes hin, nicht auf die der Blätter. Bis zu 40 Meter hoch kann sie werden und ein Alter von 250 bis 300 Jahren erreicht sie allemal. Die Buche ist aufgrund ihrer silbergrauen, glatten Rinde der am einfachsten zu erkennende Baum in unseren Wäldern. Im dichten Wald bildet sie hoch über den Köpfen aller anderen das beschriebene Blätterdach aus (siehe oben). Als frei stehender Solitär kann sie aber genauso unvergesslich und beeindruckend sein, mit nahezu zwei Metern Stammdurchmesser und einer halbkreisförmigen Kronen-Silhouette, fast bis hinab zum Boden. Wahrhaft königlich scheint der ganze Baum dann nur Krone zu sein.

Nicht weniger majestätisch mutet das Wurzelgeflecht großer Buchen an. Mächtige, beeindruckende Wurzelschlangen krallen sich in den feuchten Waldboden und durchpflügen ihn, als duldeten sie keinen Widerstand. Die Buche ist zugleich Flach- und Tiefwurzler und damit eine wirkliche Rarität. Sie ist einhäusig: Männliche und weibliche Blüten kommen an einem Baum vor. Gemeinsam mit oder kurz nach dem Austrieb der Blätter erblicken sie das Licht der Welt. Die männlichen Blüten hängen in langstieligen, fast flauschigen Büscheln an den Zweigen und vertrauen ihre winzigen Pollen dem Wind an, der sie auf eine ungewisse Reise ohne Wiederkehr schickt – rund 12 000 Pollen pro Blüte, in Mastjahren ein Vielfaches. In den letzten Jahren wurden außergewöhnlich hohe Pollenkonzentrationen vermerkt, fast konnte man meinen, die Bäume würden vor Lebenskraft und Überschwang strotzen. Ganze Stadtviertel sahen aus wie von hellgelbem Mehl bepudert. Die vermehrte Pollenproduktion hat allerdings ganz andere Ursachen: Alarmiert durch die ungewohnt lang anhaltende Trockenheit, greift der leidende Baum in seinem Überlebenskampf nach jedem Strohhalm, um das Fortbestehen der Art zu sichern. Er produziert unverhältnismäßig viele Pollen und verausgabt sich bei dieser kräftezehrenden Aufgabe völlig.

Die weiblichen Blüten stehen an den Blattansätzen und bilden unendlich zarte, runde Knubbel, die den Blick in das Innere verwehren. Im Herbst reifen die Früchte, die Bucheckern, so zahlreich heran, dass sie nicht komplett von den Waldbewohnern gefressen werden und so auch der eigenen Fortpflanzung dienen können. Die verschlossenen weiblichen Blütenknubbel sind inzwischen zu einer stacheligen Heimstatt der öligen Fruchtkörper verholzt: Sie platzen auf, geben ihre Last frei, und aus dem ganzen Baum wird ein überreich gedecktes Büffet für die Wildnis.

Buchen-Kindergarten: Von den Tausenden Jungbäumen überleben letztlich ein oder zwei, die den Platz des Mutterbaumes einnehmen.

Rotbuchen bleiben gerne unter sich und mögen kaum andere Baumarten. Hier am Berghang auf 1000 Metern Höhe bilden sie einen wertvollen Schutzwaldgürtel gegen Lawinen und Steinschlag.

KÖNIGIN DES WALDES MIT AUSGEPRÄGTEM SOZIALVERHALTEN

Einst war sie die unumstrittene Herrscherin in unseren Wäldern – dabei ist ihr Siegeszug noch gar nicht allzu lange her. Vor etwa 5000 Jahren fand sie den Weg zurück in ihre angestammte Heimat, aus der sie durch die letzte Eiszeit vertrieben worden war.

Kaum bekannt ist, dass der Mensch ihr bei der damaligen Verbreitung sehr geholfen hat: Umherziehende Keltenstämme rodeten die zu dieser Zeit bestimmenden Birken- und Kiefernwälder für ihre Siedlungen. Zogen sie weiter, so eroberte sich die Buche den frei werdenden Platz, denn sie ist ein sehr dominanter und widerstandsfähiger Baum. Unter ihrem dichten Blätterdach lässt sie anderen, lichthungrigeren Arten kaum Platz. Später verdrängte sie sogar die halb Europa überziehenden Eichenwälder.

Wie man heute weiß, sind Bäume soziale Wesen, sie kommunizieren miteinander und helfen sich sogar mit Nährstoffen aus.

Gerade im Buchenwald wird dies im Frühjahr deutlich: Während die kleinen, jungen Buchen bereits in vollem Blattornat stehen, ist an den ausgewachsenen, kraftvollen Exemplaren oft noch kein einziges Blatt zu entdecken. Als würden die Großen der Krabbelgruppe zu ihren Füßen den Vortritt lassen, bevor sie selbst zu Tisch gehen. Auch für alle anderen Blumen und blühenden Waldbewohner ist diese Zeit besonders wichtig – wenn sich das Blätterdach erst einmal geschlossen hat, bleibt darunter nur wenig lebensnotwendiges Sonnenlicht. Die

kleinen Buchenzöglinge befinden sich so in einer misslichen Lage, denn zum Größerwerden fehlt ihnen ausreichend Licht. Es übernimmt nun das Prinzip Hoffnung: Ab einer Höhe von kaum zwei Metern stellen sie das Wachstum ganz ein, bis einer der lichtraubenden großen Bäume fällt, den Weg frei macht und den Himmel für sie öffnet. Nun kommt Bewegung in die Krabbelgruppe. Ein Wettlauf um den frei gewordenen Platz an der Sonne beginnt und die Jungbuchen schießen wie entfesselt in die Höhe. Das jahrelange Verharren wird „Oskar-Syndrom" genannt, nach der Hauptfigur in Günther Grass' Blechtrommel: Genauso wie die kleinen Buchen wollte auch der kleine Oskar Matzerath eines Tages einfach nicht mehr wachsen. Das Phänomen ist also keine Krankheit, sondern gibt den Jungbuchen einen unschätzbaren Vorteil gegenüber schneller wachsenden Baumarten wie der Birke und anderen. Sie können ihr Wachstum so nicht kontrollieren und haben daher meist das Nachsehen.

Heute kommt die Buche mit ihren elf Arten in Europa wieder von Schweden bis Sizilien vor, von der Atlantikküste über die Karpaten bis in den Süden Russlands. Aufgrund ihrer Widerstandskraft ist sie als eine der wenigen Baumarten geeignet, den Klimawandel und die damit einhergehende Trockenheit zu überstehen.

DER „BAUM DER FEEN" ALS VERHÄNGNIS FÜR JEANNE D'ARC

Die Buche war über Jahrtausende hinweg für Mensch und Vieh eine wichtige Nahrungsquelle. *Fagus sylvatica*, ihr botanischer Name, weist auf ihre Bedeutung als Nährbaum hin: *Fagus* aus dem Griechischen für Essen, *sylvatica* nach Sylvanus, dem römischen Gott der Hirten und Wälder. Vereinfacht gesagt also: Essen aus dem Wald.

Dennoch kennt man aus dem Mittelalter auch Zauber- oder gar Teufelsbuchen, um die Hexen und Götzenanbeter bis zum Morgengrauen herumtanzten. Im Jahr 1431 warf man das Jeanne d'Arc in einem aufsehenerregenden Prozess vor. Unweit ihres Heimatdorfes Domrémy stand eine solche verrufene Buche, der „Baum der Feen". In der Nähe entsprang die „Dornenquelle", deren Wasser man heilsame Kräfte nachsagte. Die Alten erzählten, dass man an diesem verwunschenen Ort, unter diesem Baum, Feen gesehen habe. Im Frühling sangen und tanzten aber die jungen Mädchen von Domrémy unter der Buche, feierten ausgelassen das Ende des Winters, schmückten ihn mit bunten Girlanden und flochten aus seinen Zweigen die Kränze für das Gnadenbild der Heiligen Maria. Bei diesen Tänzen dabei gewesen zu sein, gab Jeanne d'Arc durchaus zu, doch schnell wurde daraus der Vorwurf der Teufelsanbeterei. Man unterstellte ihr den schwarzmagischen Gebrauch einer Alraune, die unter dem Feenbaum gewachsen sein soll – und ihr Schicksal nahm den bekannten grausamen Lauf.

Überraschenderweise spielt dieser so bedeutende und häufig vorkommende Baum in den großen Mythen der Völker kaum eine Rolle. Es gibt aber Vermutungen, die Buche sei zu indogermanischer Zeit, also lange vor der hoch entwickelten Kultur der Germanen, ein umfassender Kultbaum gewesen und symbolisiere eine heidnische Fruchtbarkeitsgottheit. Noch vor der Esche sei sie „der große Ahn des Menschengeschlechts" gewesen. Der Volksglauben kennt noch heute die Sage, dass Kinder aus der Buche kommen: Kindlbuchen, Leonhardts- und Margarethenbuchen werden erwähnt. Die letzten beiden Namen stammen von Heiligen, die bei Entbindungen halfen. Badete man ein neugeborenes Mädchen als Erstes in einer Schale aus Buchenholz, so reifte sie zu einer besonders begehrenswerten jungen Frau.

DIE TRÄGERIN VON BOTSCHAFTEN UND MENSCHHEITSGESCHICHTE

Doch für eines steht die Buche wie kein anderer Baum: für die Weitergabe von Wissen. Gutenberg entdeckte die Buchdruckkunst mithilfe eines zum Buchstaben geschnitzten Stückes Buchenholz.

Die glatte, silberfarbene Borke der Buche fordert geradezu dazu auf, etwas hineinzuritzen und Botschaften zu hinterlassen, die der Nachwelt erhalten bleiben. Ein kleines Stück von einem selbst, das da einem mächtigen Baum anvertraut wird, um es zu bewahren und zu hüten. Unzählige Liebespaare verloren im Schutz des beeindruckenden Blätterhimmels ihre Herzen aneinander, bevor sie diese in den Stamm der wuchtigen Buche ritzten.

Das ist kein neuzeitliches Phänomen, bereits vor Tausenden von Jahren schnitzten unsere heidnischen germanischen Vorfahren bevorzugt in das Holz der Buche – und zwar weniger als Ausdruck romantischer Gefühle. Sie ritzten Sinnbilder, Zauberzeichen und magische Symbole hinein. Es waren die Zeichen der kultischen Schrift der Germanen, die sie „runa" nannten: Geheimnis. Die

Priester dieses alten Volkes nutzten sie für Schutzzauber, magische Heilungen und Weissagungen. Daraus ergab sich ein unserem Alphabet ähnliches System, das aus 24 Schriftzeichen bestand, die allerdings ausschließlich zu Kultzwecken genutzt wurden (das sogenannte „ältere Futhark"). Man schnitt makellose, gerade gewachsene Äste ab, ritzte Runen hinein und befragte vor wichtigen Entscheidungen das Orakel aus diesen „Buchenstäben".

Der römische Geschichtsschreiber Tacitus (ca. 58–120 n. Chr.) hat im Jahre 98 in seinen Aufzeichnungen, der „Germania", recht genau festgehalten, wie das vonstattenging: „Auf Vorzeichen und Losorakel achtet niemand so viel, wie sie [die Germanen]. Das Verfahren beim Losen ist einfach. Sie schneiden von einem fruchtbaren Baum einen Zweig ab und zerteilen ihn in kleine Stücke; diese machen sie durch Zeichen kenntlich und streuen sie planlos und wie es der Zufall will auf ein weißes Laken. Dann betet bei einer öffentlichen Befragung der Stammespriester, bei einer privaten der Hausvater, zu den Göttern, hebt, gen Himmel blickend, nacheinander drei Zweigstücke auf und deutet sie nach den vorher eingeritzten Zeichen."

Bis weit über ihren Tod hinaus steht die Buche treu zum Menschen: Als Asche kam sie in Reinigungsmitteln zum Einsatz und wurde zur Herstellung von Seife genutzt. Darüber hinaus wirkt sie entzündungshemmend und desinfizierend. Mit Johanniskrautöl zu einer festen Paste vermengt, verwendete man ihre Blätter als Wundauflage und zur Behandlung von Geschwüren.

Auch die Heilkundigen des Mittelalters kannten natürlich die Rotbuche und ihre Geheimnisse. So schreibt der Apotheker, Professor für Medizin und Botanik Tabernaemontanus (1522–1590), in seinem imposanten Werk „Neuw Kreuterbuch" unter anderem:

„So man frische Blätter kauet / helffen sie wohl wider den Leffzen und des Zahnfleischs hitzige Geschwulst und Geschwär. Gestossen und aufgestrichen / stärcken sie die schlaffen Glieder ... es wird dieser Baum mehr zum bauen und zum brennen dann zur Arzney gebraucht / dann im Wasser bleibt sein Holz unverzehrt / und wird vester davon / Also machen die Baursleut aus den Rinden mancherley Gefäß und Körbe. Aus den faulen Bäumen brennet man Weidaschen zum färbe."

Bei sehr alten Buchen verändert sich die Stammform dramatisch. Dieses etwa 300-jährige Exemplar in einem Auwald in Hessen offenbart seine Bemühungen, gegen Windkräfte und andere Einflüsse „Reaktionsholz" zu bilden.

Fast wie eine menschliche Haut wirkt die regennasse Buchenrinde und zeigt uns, dass wir mit Bäumen mehr gemein haben, als es – rein sachlich betrachtet – erscheint.

ERST ERHITZEN, DANN GENIESSEN

An Bucheckern haben viele schon geknabbert. In den Früchten findet sich allerdings auch der schwach giftige Inhaltsstoff Fagin, dessen Giftigkeit sich jedoch auf die rohen Früchte bezieht. Wir Menschen reagieren unterschiedlich stark darauf. Unter Umständen kann es zu Magen- und Darmbeschwerden, Erbrechen und Durchfall kommen. Es gibt jedoch sehr viele Leute, die auch rohe Bucheckern problemlos vertragen. Daher spielten sie auch immer eine Rolle in der menschlichen Ernährung. So wurde bis in das 19. Jahrhundert hinein, und auch in der Notzeit nach dem Zweiten Weltkrieg, in Ölmühlen aus den Nüssen ein Öl gepresst, das beim Kochen und als Lampenöl Verwendung fand. Ähnlich wie Eicheln wurden auch Bucheckern zur Herstellung von Kaffeeersatz verwendet. Der Giftstoff Fagin wird durch Erhitzen unschädlich gemacht. Dabei führt vor allem das Rösten der Bucheckern zu einem feinen Aroma, das man bedenkenlos genießen kann.

Die Früchte werden von Vögeln und Nagetieren hoch geschätzt. Anfällig für das Gift sind jedoch vor allem Pferde und Kälber, wenn sie mit Bucheckern oder Ölkuchen (Rest, der beim Pressen von Bucheckern zurückbleibt) gefüttert werden. Bereits eine Menge von 500 bis 1000 Gramm roher Bucheckern kann ein Pferd töten.

EWIGE KONKURRENZ VON BUCHE UND EICHE

Als Lieferant für Nutzholz war die Rotbuche der Eiche unterlegen, denn die bot ein vielseitiger verwendbares Holz, das sich auch für den Außenbau und den Schiffbau eignete – anders als das wenig fäulnisresistente und kaum standfeste

Schon lange sind die Samen der Bucheckern aus ihren stacheligen Hüllen gefallen. Diese bleiben manchmal mehrere Jahre an den Zweigen, bis wieder ein neues „Mastjahr" kommt.

Buchenholz. Die Eiche lieferte außerdem Eicheln für die Eichelmast, die in der traditionellen Schweinehaltung eine große Rolle spielte. Nur im Heizwert ist das Buchenholz dem der Eiche um Längen voraus.

Unter dem Namen Kreosotum wurde Buchenholzteer als Desinfektionsmittel und als örtliche Betäubung bei Zahnbehandlungen genutzt. In der Homöopathie findet es noch immer Anwendung und wird unter anderem gegen Ekzeme, Reizhusten und schmerzhaftes Zahnen eingesetzt. Wenig bekannt ist dagegen, dass die Buche über Jahrhunderte eine unverzichtbare Rolle bei der Glasherstellung spielte. Bis in die Neuzeit gewann man aus ihrer Holzasche die für den Herstellungsprozess unverzichtbare Waschlauge. Glashütten entstanden in waldreichen Gegenden und große Buchenbestände fielen ihnen zum Opfer: Für 100 Kilogramm der benötigten Pottasche wurden im Schnitt wohl mehr als 60 Bäume vernichtet.

WIRTSCHAFTLICHE BEDEUTUNG

Noch größere forstwirtschaftliche Bedeutung erlangte die Buche erst mit der Entdeckung, dass eine Teeröl-Imprägnierung aus Buchenholz gefertigte Eisenbahnschwellen bis zu 40 Jahre lang vor Pilzbefall schützt. Damit waren diese ebenso haltbar wie die aus Eichen hergestellten. Die Forstbetriebe konnten für ihr Buchenholz nun attraktive Preise erzielen, sodass Aufforstungen mit dieser Baumart wieder lohnend erschienen. Um 1930 wurde nur noch die Hälfte des geschlagenen Buchenholzes verfeuert; die andere Hälfte wurde für Eisenbahnschwellen sowie Gebrauchsgegenstände wie Waschtröge, Wäscheklammern, Bürsten oder Kochlöffel verwendet. Dies änderte sich signifikant, als andere Energieträger das Brennholz zurückdrängten und gleichzeitig aus Öl Kunststoff gewonnen wurde, aus dem dann die jeweiligen Gebrauchsgegenstände gefertigt wurden.

Buchen gehören heute zu den wichtigsten Nutzhölzern für die Möbelindustrie und beispielsweise für den Parkett- und Treppenbau. Und natürlich zu den beliebtesten Geheimnisträgern unter den Bäumen – denn noch immer vertrauen viele Verliebte in mondbeschienenen Nächten ihre Gefühle der glatten Rinde an.

EICHE

Quercus spec.

„Die Welt als Wille und Vorstellung“ – als Arthur Schopenhauer dieses gewaltige Werk schuf, muss er eine Eiche im Sinn gehabt haben. Nichts könnte klarer beschreiben, was der deutsche Philosoph 1819 auf über 800 Seiten auszudrücken bemüht war. Der mächtige Wuchs dieses Baumes, seine würdevolle Präsenz, die kräftige Form und die energische Art, mit der er in den umgebenden Raum greift, zeigt die ganze Wucht seiner Gegenwart. Er strahlt eine Willenskraft aus, der sich selbst der Wind unwillkürlich beugt, wenn er seine Kräfte an ihm misst. Das Rauschen der umtosten Eichenblätter hat nicht den sanften Nachklang der Linde, nicht das kecke Säuseln der Birke und nicht das hingebungsvolle Brausen der Kastanie.

Es ist der unbedingte Wille, der feste Drang zu leben und zu sein, von dem uns die Eiche in ihrer wortlosen Sprache erzählt. Dieser Wille, der Schopenhauer zufolge allen Dingen innewohnt, jedem Grashalm, jeder Blume, jedem Stein, dieser Wille tritt vielleicht am klarsten in diesem Baum zutage. Nichts steht fester und entschlossener vor uns als eine hochgewachsene, jahrhundertealte Eiche. Weit über die eigentliche Baumgestalt hinaus bestimmt diese Aura der Stärke ihr Umfeld. Ein bedingungsloses „Ja!“ zum Leben: Dieser Baum ist, um zu sein.

DER KÖNIG DER BÄUME

Während die Buche als „Königin des Waldes“ angesehen wird, lässt man die Eiche als „König der Bäume“ hochleben. Die Eiche ist hierzulande die wohl berühmteste Vertreterin der Familie der rund 900 Buchengewächse (*Fagaceae*). Die Gattung *Quercus* ist mit über 500 Arten die vielfältigste im Reich unserer Laubbäume.

Markant und unverwechselbar sind ihre geschwungenen, gebuchteten Blätter. Wie für jeden Laubbaum ist der Blattaustrieb für sie eine gewaltige An-

Es dauert wohl mindestens bis zum ersten Lebensdrittel, bis eine Eiche im Freistand eine solch imposante Krone mit etwa 30 Metern Durchmesser bildet. Diese ist über 200 Jahre alt.

strengung: Sie muss viel Wasser und die darin enthaltenen Nährstoffe aus dem Boden lösen und hinauf in das weitverzweigte Geäst pumpen. Je nach Holzstruktur kann dies unterschiedlich lang dauern – aber Bäume mit einer sogenannten ringporigen Holzstruktur, wie die Eiche, können für den Wassertransport nur die äußersten, jüngsten Jahresringe nutzen. Diese müssen im Frühjahr aber erst vorbereitet werden! Während es von außen also aussieht, als stünde der blanke, blattlose Stamm der Eiche tatenlos im Wald herum, während überall um ihn herum das junge Leben des Frühlings sprießt und sprosst, rumort und arbeitet es in Wirklichkeit heftig in seinem Inneren. Die kräftezehrenden Vorbereitungen auf die Belaubung laufen auf Hochtouren. So treibt die Eiche erst Ende des Frühlings als einer der letzten Laubbäume aus, lange nach der Buche (aber noch kurz vor Esche und Walnuss).

Die bis zu zwölf Zentimeter langen Blätter sind an der Spitze abgerundet und sitzen an einem sehr kurzen Stiel. Sie sind oberseitig von einem kräftigen Grün. Unterseitig sind sie etwas heller und an den starken Adern leicht behaart. Die Eiche kann weit über 1000 Jahre alt werden und erreicht eine Höhe von 40 Metern und mehr. Der Stamm spaltet sich in der Höhe oft in beindicke, schlangenartig sich windende Äste, der Stammdurchmesser beträgt auf menschlicher Brusthöhe bis zu drei Meter.

Ein einziger Baum kann eine ganze Landschaft prägen und wird daher oft als „Wächterbaum“ angesehen – als Baum, der über seine Umgebung gebietet wie ein gütiger, sorgender König.

Sein Habitus wird durch die eigenwillige Anordnung der knorrigen Hauptäste bestimmt, eine weit ausladende, majestätische Geste, die viele Formen annehmen kann. Seine Borke ist hellgrau, knöcheltief gefurcht und in längliche Leisten zerrissen. Der nicht sichtbare Teil des Baumes, die Wurzel, ist nicht weniger imposant als der sichtbare: Eine tiefe Pfahlwurzel, die auch feste, lehmige Bodenschichten durchdringen kann, gibt dem bis zu 30000 Kilogramm schweren Wunder der Natur einen guten festen Stand, sodass Eichen nur selten von starken Stürmen umgeworfen werden.

UNAUFFÄLLIGE BLÜTEN AN LANGEN STIELEN

Die Eiche ist einhäusig getrenntgeschlechtig: Männliche und weibliche Blüten kommen an einem Baum vor, sind aber voneinander getrennt. Die männlichen, knotigen und fast zehn Zentimeter langen Kätzchen hängen am Grund junger Triebe. Sie erscheinen in ihrer unauffälligen, gelbgrünen Hülle fast zeitgleich mit den jungen Blättern, manchmal sogar vorher. Jeweils sechs Staubblätter vertrauen die Pollenkörner dem Wind an, der sie weit hinfort tragen kann. An den Triebenden stehen die weiblichen, bis zu sechs Zentimeter langen Blütenstände mit zumeist zwei oder drei, manchmal bis zu fünf rötlichen Einzelblüten, aus denen sich im September, Oktober die Früchte entwickeln – die jedem Kind bekannten Eicheln. Sie hängen bei der Stieleiche an sehr langen Stielen, wie sich letztlich auch der Name erklärt.

NAHRUNG FÜR VIELE TIERARTEN

Das unbedingte „Ja" zum Leben zeigt sich in der maßlosen Güte, welche die Eiche den unzähligen Wesen entgegenbringt, denen sie Lebensraum und Nahrung zugleich ist. Etwa 1000 verschiedene Tierarten sind auf die Eiche angewiesen, teils sogar ausschließlich, beispielsweise zahllose Schmetterlingsraupen, die sich von ihrem Laub ernähren und viele Käferarten, die ihre Larven in das Eichenholz legen. Falsch ist dagegen, dass Eicheln zur Leibspeise von Eichhörnchen gehören. Im Gegenteil: Sie können die Eichenfrucht eher schlecht verdauen. Ihren Namen verdanken die quirligen Hörnchen vielmehr der altdeutschen Bezeichnung für flink: „aig". Etliche Gallwespen- und einige Vogelarten könnten jedoch ohne die Eiche gar nicht überleben.

Wie keine andere Baumart gibt sich der König der Bäume der Tierwelt hin, schenkt der Welt sein Dasein, damit sie sein kann. Diese Freigiebigkeit nutzten die Bauern über Jahrhunderte hinweg, indem sie ihr Vieh in ausgedehnten Eichen-Buchen-Wäldern hüteten und dort weiden ließen. Daraus entwickelte sich die Kulturlandschaft der „Hutewälder" – eine Mischform aus Weide und Wald.

Außer in den südlichsten Gebieten kommt die Eiche fast in ganz Europa vor, in den Bergen klettert sie auf gut 1000 Meter Höhe, Tendenz durch die Klimaerwärmung steigend. Wie die Eibe und andere Baumarten gehört die Eiche zu den erfolgreichsten Spezies der Welt und kam in der heutigen Erscheinungsform bereits vor zwölf Millionen Jahren vor. Sie ist einer der treuesten Begleiter der Menschheitsgeschichte, oder besser: Der Mensch lebt – seit vergleichsweise sehr kurzer Zeit – gut und gerne an ihrer Seite.

Eicheln reifen am Baum (hier: Traubeneiche) schon aus und fallen dann reif auf den Waldboden, wo sie viele Tierarten sehnsüchtig erwarten.

HEILIGE EICHENHAINE

Zeus, der antike Gottvater, „Vater der Götter und der Sterblichen", entwickelte sich der Legende nach aus dem Geist eines Eichenbaumes in Dodona, einem der bedeutendsten Orakelorte der griechischen Kultur. Über mehr als 1000 Jahre hinweg weissagten die antiken Seher an diesem Wallfahrtsort. Sie hörten und erspürten die göttlichen Botschaften aus dem Rascheln des vom Winde bewegten Eichenlaubes und dem Gurren der Tauben im verzweigten Geäst.

Die Eiche spielte allerdings schon in der Steinzeit eine bedeutsame Rolle: Herausgehobene Persönlichkeiten, Stammesführer oder Priesterkönige wur-

Auf alten Gutshöfen finden sich uralte Eichen, die früher für die Schweinemast gepflanzt wurden. Obwohl Efeu und Pilze starke Gegner sind, dauert das Sterben der Riesen manchmal jahrhundertelang.

den schon in der Steinzeit in Baumsärgen bestattet – in der Länge nach gespaltenen und ausgehöhlten Eichenstämmen. Jahrtausende später war die Eiche dem keltischen Himmelsherrscher und Wettergott Taranis gewidmet, waffenstarrend mit seinem himmlischen Donnerkeil. So nimmt es nicht wunder, dass die Germanen den Baum sodann ihrem Gewittergott Donar widmeten, niemand anderem als dem nordischen Gott Thor – dem allgewaltigen, Blitze schleudernden Donnerer. Noch heute erinnern wir uns jeden Donnerstag (engl. thursday: „Tag des Thor“) an den Germanengott.

Tatsächlich werden Eichen vergleichsweise oft von Blitzen getroffen, wodurch die im Volksglauben so bedeutsamen „Blitz-Eichen“ entstehen.

Vom Blitz getroffene Bäume sind durch lange „Blitzrinnen“ fürs Leben gekennzeichnet. Mit aus ihrem Holz geschnitzten Keilen übertrug („verpflockte“) man in alten Zeiten seine Zipperlein in andere Bäume (siehe Apfelbaum, Seite 77) oder man biss bei Zahnschmerzen fest in die Eichenborke.

Wie unter Linden (siehe Seite 246) wurde bis weit ins Mittelalter hinein auch unter Eichen Gericht gehalten. Auf zahllosen Dorfplätzen sind diese ehemaligen „Gerichtseichen“ bis heute der Mittelpunkt des Lebens.

Manchmal begegnen uns die markant geschwungenen Eichenblätter dagegen an unerwarteter Stelle: In vielen alten Kirchen ziert ein grotesk und überladen anmutendes Konterfei des sogenannten „Grünen Mannes“ die Kapitelle. Als Schlussstein über den Altären, von Dächern, Säulen und Türgriffen, von geschwungenen Torbögen und als Wasserspeier starrt er auf uns herab. Sein Gesicht ist von Eichenlaub überwuchert und häufig von Mistelblättern umgeben. Die Herkunft des Grünen Mannes ist nicht ganz klar, vermutlich geht sie auf den römischen Waldgott Silvanus zurück. Eines haben alle Sagen, Mythen und Legenden, in denen der Grüne Mann erscheint, jedoch gemeinsam: Es geht immer um das Welken des Lebens, um den Tod, seine Überwindung und die Wiederauferstehung. Der Grüne Mann symbolisiert den ewigen Kreislauf des Lebens. Er steht für die unverbrüchliche Verbundenheit des Menschen mit der Natur. Er ist die vitale Kraft, als Vegetationsgott ist er nicht das Gewächs – er ist das Wachstum selbst.

Das durch den Verlust eines Starkastes entstandene Stammloch wird zur geschützten Behausung für Siebenschläfer oder Spechtfamilien.

DEN WEINKENNERN BEKANNT: BARRIQUEFÄSSER

Alles an der Eiche, jeder Teil, ist von einem milden Gift durchzogen. Der Verzehr von unreifen Eicheln führt daher zu Durchfall und Erbrechen. Der hohe Gehalt an Gerbstoffen ist dafür verantwortlich; er weist auf die medizinische Wirkung der Eiche hin. Seit Jahrtausenden wird sie als Heilpflanze in Ehren gehalten und gegen Erkrankungen des Verdauungssystems, Hämorrhoiden und Ekzeme eingesetzt.

Manche Eichenarten eignen sich hervorragend zur Herstellung von Weinfässern („Barrique"), sie geben dem gärenden Traubenmost durch ihre Gerbstoffe die typisch herbe, sehr schmackhafte Note. Zur Herstellung der Fässer eignen sich nur im Winter gefällte Eichen: Dann sind die Holzporen durch abgelagertes Stärkemehl geschlossen, was das Ausschwitzen der im Holz eingelagerten Flüssigkeit verhindert.

Aus der Stieleiche fertigten die Wagner zu früheren Zeiten Naben, Speichen und Felgen sowie ganze Wagengestelle und Kutschenkästen. Aber auch Pflüge und Schlitten, Leitersprossen und Werkzeugstiele werden noch heute aus dem harten, widerstandsfähigen Holz hergestellt. Die enorme Dauerhaftigkeit des Eichenholzes wusste man beispielsweise beim Bau der Hamburger Speicherstadt zu nutzen, die zwischen 1880 und 1927 auf Abertausenden von Eichenpfählen errichtet wurde.

Aus welchen Gründen man Mitte der 1990er-Jahre beschloss, vor dem Berliner Reichstag und dem Kanzleramt einige Hundert Sumpfeichen (*Quercus palustris*) zu pflanzen, eigentlich in Nordamerika beheimatet und hierzulande nicht natürlich vorkommend, ist unklar. Offensichtlich scheute man sich dann, zum Namen der Art zu stehen, da die Bezeichnung „Sumpf" in der Politik ganz andere Assoziationen weckt: So benannte man sie kurzerhand in „Spree-Eichen" um. Vermutlich geht diese Namensänderung auf den damaligen Bundeskanzler Helmut Kohl zurück, eventuell auch auf den Berliner Senat oder den damaligen Bundestagspräsidenten Wolfgang Thierse, der im März 2000 eigenhändig die erste der mehreren Hundert Sumpfeichen vor dem Reichstag pflanzte.

SCHWARZPAPPEL

Populus nigra

Einige der mächtigsten Schwarzpappeln des Landes wachsen an den Ufern der Arnoldschen Insel in der Lahn bei Limburg. Was sie ausstrahlen, ist ein Gefühl von zeitloser Melancholie, und das alte Wehr, durch das die Wasser rauschen, die Mühle am Ufer, der Dom, die Stadt – all dies scheint nur dazu erschaffen, ein passender Hintergrund für diese wunderbaren Bäume zu sein.

Angesichts der so mächtig erscheinenden Schwarzpappel ahnt man kaum, dass sie sich nur wenig gegen andere Bäume durchzusetzen vermag. Sie ist auf die nährstoffreichen Böden dynamischer Flusssysteme angewiesen, die für die meisten anderen Baumarten nicht zu besiedeln sind. Zu schlecht kommen sie mit dem stets drohenden Hochwasser zurande. Allenfalls einige Weidenbüsche, hie und da eine Silberweide und natürlich die klassische Auenbewohnerin Erle gesellen sich in ihre direkte Nachbarschaft. Das macht ihr das (Über-)Leben in unseren Kulturlandschaften recht schwer, denn natürliche Auen kommen immer seltener vor – zu oft werden sie trockengelegt, um Flüsse zu begradigen und Ackerflächen zu gewinnen. Ein weiterer Nachteil erwächst ihr auch daraus, dass sie ihre Samen nicht mit einem Nährgewebe ausstattet, was ihnen eine längere Ausdauer ermöglichen würde. Zudem ist es für den zweihäusigen, getrenntgeschlechtigen Baum zunehmend schwerer, überhaupt einen Geschlechtspartner zu finden, da die Bäume so selten sind und mitunter kilometerweit voneinander entfernt stehen. All dies versuchen die weiblichen Bäume durch die sehr hohe Zahl von bis zu 26 Millionen Samen wettzumachen.

Zu Recht findet sich die Schwarzpappel auf der Roten Liste der gefährdeten Baumarten wieder. Viel häufiger kommen andere Pappelarten vor, neben der Silber-, der Pyramiden- und der Zitterpappel sind es aber zumeist gezüchtete Mischlinge („Hybriden"), die als reine Wirtschaftsbäume dienen. Sie alle haben eines gemeinsam: Sie sind sehr lichthungrig und schnellwüchsig. Ihre Lebenserwartung liegt bei etwa 100 Jahren, seltene Exemplare im Alter von etwa 300 Jahren sind jedoch auch bekannt.

Der Stammdurchmesser der Schwarzpappel kann zwei Meter weit überschreiten; unter geschützten Bedingungen wird sie über 30 Meter hoch.

Die Schwarzpappel kommt in ganz Europa vor, fühlt sich aber in den wärmeren Gefilden offensichtlich wohler. Obwohl sie recht frosthart ist, benötigt sie extrem viel Licht und Wärme. Sie braucht die Nähe des Wassers und fühlt sich bei kurzzeitigen Überflutungen erst recht wohl – stehendes Gewässer allerdings ist ihr ein Graus, diese Bereiche überlässt sie gerne der Erle und der Silberweide.

EINE UNGEWISSE REISE UND DAS GEHEIMNIS DES POLLENS

Die langgezogenen Blattknospen sind im frühen Jahr schon gut sichtbar; sie sind von einer klebrigen Schicht überzogen, die gerne von Bienen gesammelt wird. Bereits im April, noch vor dem Laubaustrieb, blühen die Pappelkätzchen. Die männlichen purpurroten Kätzchen sind bis zu acht Zentimeter lang und hängen neben den noch geschlossenen Blattknospen im oberen Drittel des Baumes, weswegen sie trotz ihrer auffälligen Erscheinung schwer zu entdecken sind. Da die Pollenkörner nun vom Winde verweht werden, behindern sie die noch nicht entfalteten Blätter nicht. Von hier oben aus beginnt die mehr als ungewisse Reise des Winzlings – denn das Pollenkorn benötigt das seltene Glück, dass der Wind es auf die richtige Route schickt. Es reicht ja nicht aus, in der Nähe eines weiblichen Baumes vorbeizufliegen. Der arme Tropf muss direkt an einem der gelblich grünen, in der Blütezeit auf etwa zehn Zentimeter Länge aufgeplusterten weiblichen Kätzchen hängenbleiben, um es zu befruchten. Als trickreiche Hilfestellung sind die Pollenkörner elektrostatisch geladen und können so unmittelbar vom weiblichen Baum erkannt werden. Innerhalb kürzester Zeit reagieren die weiblichen Bäume darauf und weiten ihre Blüten.

Gelingt dem Pollenkorn die Befruchtung trotzdem nicht, muss das aber bei den Pappelpollen (wie bei allen Pollenarten) nicht unbedingt sein Ende bedeuten. Pollenkörner haben eine sehr unterschiedliche Größe, zwischen fünf und 200 Mikrometern. Die Pollen windbestäubter Pflanzen sind meist sehr klein (15 bis 40 Mikrometer), damit sie vom Wind so weit wie möglich getragen werden können. Der Pollenkern (Zellleib) ist von einer lückenlosen Außenhaut umgeben (Sporoderm). Diese Wand des Pollenkorns besteht aus zwei übereinanderliegenden Schichten: Die innen liegende Schicht (Intine) ist nicht besonders fest und widerstandsfähig, sie besteht hauptsächlich aus Zellulose. Aus ihr wächst bei der Befruchtung der weiblichen Eizelle der Pollenschlauch. Die Außenschicht (Exine) ist chemisch extrem widerstandsfähig und wird aus Sporopollenin gebildet. Der Schutz dieser Hülle ist so effektiv, dass Pollenkörner unter Luftabschluss über Jahrtausende nahezu unbeschädigt überdauern können.

DIE PAPPELWOLLE

Die Früchte der Schwarzpappel sind bereits im Mai, Juni herangereift. Hier greift sie zum nächsten Trick, müssen die Samen doch schnell den richtigen – aber selten vorkommenden – Boden erreichen, in dem sie wurzeln können. In einer grünen Kapsel herangereift, wird das winzig kleine, kaum sichtbare Nüsschen von seinem sorgenden Mutterbaum in die flaumige „Pappelwolle" gekleidet. Platzt die Kapsel auf, so wird der Samen vom Wind gepflückt, der es in seinem schneeweißen Wollkleid bis zu 50 Kilometer weit über Stadt, Land und Fluss tragen kann. In pappelreichen Gebieten kann es dann auf den Straßen schon mal nach Schneeverwehungen aussehen, weswegen sich vielerorts Widerstand gegen dieses Naturwunder formiert.

Keine andere Baumart polarisiert so sehr wie die Pappel, und dies trifft auch auf die weiteren in Mitteleuropa natürlicherweise vorkommenden Arten zu, die Pyramiden-, die Silber- und die Zitterpappel. Einige sehen in ihr das Wunder der Wuchskraft, den Ertragsreichtum, die wirtschaftliche Bedeutung. Anderen scheint sie dagegen eine große Gefahr, durch beständigen Astbruch und häufigen Windwurf. Manch einer sieht auch in der fliegenden Pappelwolle nichts anderes als eine Belästigung.

Seit geraumer Zeit interessiert sich die Wirtschaft für den Rohstoff Pappelwolle. Untersuchungen haben nachgewiesen, dass die Fasern der Wolle die Wärme so gut halten wie Daunen, aber wesentlich besser und schneller Feuchtigkeit weiterleiten. Es ist kein natürliches oder künstliches Textilmaterial bekannt, das eine bessere Leistungsfähigkeit in Bezug auf Gewicht, Wärmeisolation und Feuchteverhalten aufweisen würde. Von einer Schwarzpappel können etwa 200 Kilogramm Samen mit etwa 10 Kilogramm Pappelwolle geerntet werden. Das reicht für Füllungen von bis zu 25 Bettdecken. Inzwischen pro-

Auf einer Kanalinsel, mitten im Stadtgebiet von Colmar, lebt seit über 100 Jahren diese riesige Schwarzpappel. Sie prägt das historische Stadtbild und kühlt an heißen Sommertagen.

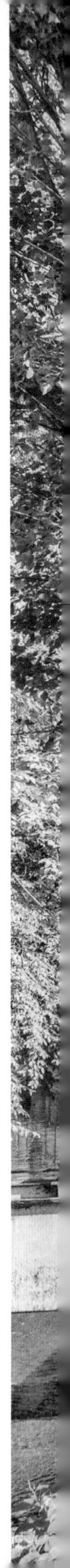

duzieren einige Betriebe in Deutschland, Österreich und der Schweiz Pappel-Bettzeug. Millionen Gänse können erleichtert aufatmen, denn für sie ist das unselige „Lebendrupfen" damit endgültig überflüssig.

DAS GRÖSSTE, SCHWERSTE UND ÄLTESTE LEBEWESEN DER WELT

Pappeln gehören zur Familie der Weidengewächse und sind ebensolche Meister der Stockausschläge. Die Schwarzpappel kann bei starker Hitze und langer Trockenheit kleinere Äste und Zweige abwerfen, die von dem unter ihr fließenden Gewässer mitgenommen und irgendwo flussabwärts an Land gespült werden – und hier ein neues Leben wagen.

Erfolgreicher scheint dennoch die Vermehrung über die Wurzelbrut (vegetative Vermehrung) zu sein. Der flach wurzelnde Baum treibt sein Wurzelgeflecht bis zu 35 Meter in die Breite. So stellt der Baum sicher, dass die neuen Triebe aus der alten Wurzel nicht im Schatten des Mutterbaumes stehen, sondern mitten im Licht der Welt, das sie gerade erblicken.

Das Wurzelwerk der Pappel ist ihr eigentliches Wunder: Selbst wenn eine Sturmflut oder ein Feuer den gesamten sichtbaren Baumbestand zerstört, überlebt das unterirdische Wurzelgeflecht und treibt nach geraumer Zeit wieder neue Bäume. So kann eine Pappelgruppe Tausende Jahre alt werden. Das älteste bekannte Lebewesen der Welt ist eine Klonkolonie der Amerikanischen Zitterpappel und steht auf 2000 Metern Höhe im US-Bundesstaat Utah: ein

Erstaunlich beweglich flattern die vielgestaltigen, oft dreieckigen Pappelblätter hin und her.

unterirdisches Wurzelgeflecht mit einem Ausmaß von über 40 Hektar, aus dem etwa 47 000 einzelne Zitterpappeln wachsen, die sich als Wurzelbrut immer wieder selbst erneuern. „Pando", so hat man die Kolonie getauft, wiegt nicht weniger als geschätzte 6000 Tonnen und wird auf ein Alter von etwa 80 000 Jahren taxiert. Das größte, schwerste und älteste Lebewesen der Welt – dagegen erscheint ein Blauwal wie ein Zwerg.

DUNKLE BORKE, FLEXIBLE BLÄTTER

Die Borke der Schwarzpappel ist in jungen Jahren hellgrau und eher glatt. Später wird sie jedoch bemerkenswert dunkel, tief gefurcht und verleiht dem Baum seine urtümliche Gestalt. Manchmal bilden sich „Wasserreiser" und „Maserknollen", die als runde, große Beulen am Stamm sichtbar werden, was seine bizarre, knorrige Gestalt unterstreicht. Die weit ausladende Krone ist unförmig, kaum gestaltet und kann so breit werden, wie der Baum hoch ist.

Überaus bemerkenswert sind auch die Blätter der Schwarzpappel: Sie unterscheiden sich erheblich voneinander. Je nachdem, ob sie an Lang- oder Kurztrieben wachsen, sind sie dreieckig bis rautenförmig oder mit einer ausgeprägten Spitze eiförmig. Beiderseits grasgrün, sind sie unbehaart und kerbig gesägt. Sie können zwischen fünf und zehn Zentimetern lang werden und sitzen an bis zu acht Zentimeter langen Stielen. Diesen Stielen schreibt man durch ihre Länge und ihre seitlich abgeflachte, im Querschnitt ovale Form die bemerkenswerte Beweglichkeit der Blätter zu. Das gilt für alle Pappelarten, insbesondere natürlich für die Zitterpappel. Das ist aber nur die halbe Wahrheit. Die Legende, dass die Zitterpappel sich als einziger Baum bei Jesu Kreuzigung nicht verbeugt habe und deswegen immerfort zittern müsse, hat jedoch nichts mit der Wirklichkeit zu tun.

Vielmehr sind ihre Blätter in alle Richtungen gelenkig und können sowohl quer als auch auf und ab flattern! Diese Technik beherrschen außer ihr nur Birke und Ahorn, und das in einem wesentlich geringeren Maße. So hat es manches Mal selbst bei scheinbar völliger Windstille den Anschein, als würde einem ein einzelnes Blatt dieser Bäume heftig zuwinken.

Doch was haben die Bäume von dieser Art Gymnastik? Durch die ständigen Blattbewegungen in alle Richtungen erhöht sich die Verdunstung auf der Blattoberfläche um ein Vielfaches, wodurch der innere Transpirationssog des Baumes gesteigert wird, der seine Pumpkraft maßgeblich bestimmt. Die Pappel erhält so nicht nur mehr Nährstoffe, sondern außerdem mehr Licht, das durch die flatternden Blätter dringen kann. Dies befähigt sie zu ihrer enormen Wuchskraft.

NOMEN EST OMEN

Die Schwarzpappel wurde nach der Farbe der Borke eines ausgewachsenen Exemplars benannt, die beinahe so wirkt, als wäre sie das Resultat eines Brandes. Der Name der stolzen Silberpappel rührt von der samtweißen Unterseite ihrer Blätter. Die Zitterpappel bedarf keiner weiteren Erklärung. Im Althochdeutschen hieß sie noch „aspa", auch Hildegard von Bingen verwendete diese Benennung. Daraus entstand die noch heute gebräuchliche Bezeichnung Espe: „Zittern wie Espenlaub" ist eine gängige Floskel.

Die Pyramidenpappel dagegen, die sich säulenartig in den Himmel reckt, sieht aus wie ein zu groß geratener Wacholder, der sich in ein Laubkleid verirrt hat. Sie wurde erst durch Napoleon in Deutschland salonfähig, der seine Heerstraßen damit alleenartig bepflanzen ließ. Damit wollte er sie in der Landschaft auch aus weiter Entfernung leicht ausfindig machen und sich orientieren. Die lateinische Bezeichnung „populus" (Volk) haben die Römer ihr verliehen, weil sich ihre Blätter in ständiger Bewegung befinden – wie das Volk.

BALSAM FÜR HAUT UND SEELE: UNGUENTUM POPULEUM

Medizinhistorisch ist die Pappel eine der bedeutsamsten Pflanzen überhaupt. Bereits vor 2500 Jahren empfahl der griechische Arzt Hippokrates den Saft der Pappel als Salbe bei Augenentzündungen. Auch in der „De Materia Medica" des Dioskurides findet sie im 1. Jahrhundert n. Chr. mehrfach Erwähnung, beispielsweise als probates Mittel gegen Ohrenschmerz. Der griechische Arzt Galen weist auf eine Salbe aus Pappelknospen gegen Entzündungen hin. Hildegard von Bingen spricht in ihren Schriften dann von Salbenmischungen aus Pappelrinde, die bei Hauterkrankungen Linderung bewirken sollen.

Die Volksmedizin lehrt, dass die Pappel gut gegen Fieber hilft: Tatsächlich findet sich in der Borke der schmerzstillende und fiebersenkende Wirkstoff Salicin. „Unguentum Populeum", die aus den Knospen der Pappel hergestellte Salbe ist als beruhigender und schmerzstillender Balsam bekannt. Sie ist entzündungshemmend, fördert die Wundheilung und wirkt abschwellend und hautregenerierend. Noch heute wird Pappelsalbe bei Hautentzündungen und Hämorrhoiden angewendet. In der Naturheilkunde finden Schwarzpappel-Extrakte Anwendung gegen Neurodermitis und Schuppenflechte.

VOM HOLZSCHUH BIS ZUM FISCHERNETZ

Noch immer hat die Pappel eine große Bedeutung in der Holzschuh-Industrie. Ihre Wurzeln dienten zum Herstellen von Flechtwerk, aus dem Bast der Schwarzpappeln fertigte man Fischernetze. Die Pappel hat einen hohen Anteil Zellulose, was sie für die Papierherstellung prädestiniert. Das weiche Pappelholz ist leicht zu bearbeiten und war bei Malern der Renaissance als Malgrund

Auffällig ist die graue, stark strukturierte und korkähnliche Rinde älterer Bäume – ein Paradies für Insekten und andere Kleinlebewesen.

beliebt. Das unergründliche Lächeln der Mona Lisa strahlt uns vom Holz einer Zitterpappel entgegen.

Die Pappel nehmen wir immer wieder als Streichholz in die Hand, bei dem man sich die Eigenschaft des Holzes, langsam zu brennen, zunutze macht. Auch wegen ihres enorm schnellen Wuchses wird die Pappel in Plantagen herangezogen, um daraus Pellets für moderne Heizanlagen herzustellen. Solche „Energiewälder“ und „Kurzumtriebsplantagen“ gelten übrigens nicht als Wälder, sondern sind landwirtschaftlich genutzte Flächen. Mindestens nach drei, höchstens nach zehn Jahren werden die Bäume geerntet – und treiben danach wieder aus.

ROSSKASTANIE

Aesculus hippocastanum

„Im Kastanienbaum der Wind", so beginnt ein Gedicht von Hermann Hesse – der streift nicht um die Zweige wie um die der Birke, kämpft nicht um ihn wie um die Eiche, schmiegt sich nicht an ihn wie an die Kiefer. Zuweilen fährt er in die Rosskastanie wie ein Schreck, er kann sie aufwühlen, freudig nach ihren großen Blatthänden greifen und seinen Schabernack mit ihr treiben.

Die Gewöhnliche Rosskastanie ist alles andere als gewöhnlich: Wegen ihrer mitreißenden Schönheit ist sie jedem Kind bekannt. Ihre gefiederten Blätter gleichen großen Händen mit fünf oder sieben Fingern, kreisförmig nach Größe um den Handteller angeordnet. Die einzelnen Fiederblättchen in der Blattmitte können bis zu 25 Zentimeter lang und fast zehn Zentimeter breit werden, sie sind oval bis eiförmig und am Rand doppelt gesägt. Die randständigen Blättchen sind erheblich kleiner, sodass sich ein sehr ausdrucksvoller, unverkennbarer Umriss ergibt. Selbst im Winter fallen schon die Blattknospen auf; sie sind bis zu drei Zentimeter lang, etwa halb so dick und sehr klebrig.

BEEINDRUCKENDE GESTALT

Die graue Borke ist leicht rissig, in schuppige Felder zerrissen und zeigt an verheilten Verletzungen die Struktur wulstiger Lippen. Der starke Stamm kann einen Durchmesser von über einem Meter erreichen, ist auffällig oft rechts drehwüchsig und relativ kurz für einen Baum, der insgesamt über 30 Meter hoch werden kann. Als einzeln stehender Baum (Solitär) entwickelt die Kastanie eine füllige Gestalt, eine breit ausladende Krone mit vielen überhängenden Ästen – so unverwechselbar wie ihre Blattform. Sie ist ein Flachwurzler und kann bis zu 300 Jahre alt werden.

Im April, Mai, fast gleichzeitig mit dem Austrieb der Blätter, zeigt sie ihre besonders auffälligen und großen Blütenrispen, die aufgereckt und lichthungrig an den äußeren Enden der Zweige stehen. Von Geschlechtertrennung hält

Wenn sich die Kastanie aus ihrer stacheligen Hülle befreit und zu Boden fällt, freuen sich Wildschwein, Maus, Eichhörnchen – und die Kinder.

die einhäusige Rosskastanie wenig: An den Blütenrispen stehen genauso weibliche wie männliche und zwittrige Blüten. Bis zu hundert der einzelnen Blüten prangen an einer etwa 20 Zentimeter hohen Rispe, die äußeren fünf Blütenblätter sind jeweils schneeweiß und, solange sie noch nicht befruchtet sind, mit einem ockerfarbenen Grund versehen. Bis zu sieben Staubblätter recken sich wie vorwitzige Stängel den hungrigen Insekten entgegen. Sie enthalten mehr Pollen als die meisten anderen Laubbäume – zwischen 20 000 und 30 000 pro Staubblatt. Hochgerechnet trägt eine einzige ausgewachsene Rosskastanie damit mehr Pollen, als es Menschen auf der Erde gibt!

Ist die Bestäubung durch Insekten geschehen, signalisiert die Blüte dies, indem sich das Ockergelb ihres Grundes in ein weiches Altrosa färbt. Berührt man nun die Blüte sanft, so zerfällt sie in ihre Einzelteile, und rund um den Baum sind die Überreste der einstmals so wunderschönen Zier verstreut.

WUNDERSCHÖNE FRÜCHTE – NICHT ZUM VERZEHR GEEIGNET

Am bekanntesten freilich ist die Rosskastanie wegen ihrer Früchte, der Kastanien. In einer stacheligen Rüstung verpackt, werden sie im Herbst reif und fallen einfach vom Baum. Durch den Aufschlag reißt der Panzer und gibt die wunderschönen, glänzenden Kastanien frei. Hält der Panzer, wird sich bestimmt ein Eichhörnchen, eine Maus oder ein Wildschwein finden, das sich auf das heikle Öffnen der stachligen Hüllen bestens versteht. Kastanien, die diesen Tieren nicht zum Opfer fallen, haben die Chance, im kommenden Frühling zu keimen und ihren Daseinszweck zu erfüllen: Sie werden zu Sämlingen, kleinen Halmen, an deren Spitze im Frühjahr höchstens ein oder zwei der ausdrucksvollen Blätter Platz finden. Durch diese Weise der Verbreitung, der Barochorie (Schwerkraftwanderung, die durch das Fallen vom Baum zustande kommt), entstehen die Trupps: kleine Gruppen von Rosskastanien, die beieinander stehen wie eine Familie – was sie schließlich im engsten Wortsinn auch sind.

Die Kastanien der Rosskastanie sind allerdings für den Menschen nicht genießbar und dürfen nicht mit den Esskastanien der Edelkastanie verwechselt werden – beide Arten sind nicht einmal näher miteinander verwandt. Die Rosskastanie gehört zur Familie der Seifenbaumgewächse, die Esskastanie zu den Buchengewächsen.

An so einem herrlichen Platz mit Aussicht möchte man auch Baum sein! Die prachtvolle 150-jährige Rosskastanie lädt Mensch und Tier ein – zum Verweilen und Verlieben.

KAUM IN GROSSEN BESTÄNDEN ANZUTREFFEN

Der Artenreichtum in Mitteleuropa war vor der letzten Eiszeit viel größer, und auch die Rosskastanie zog sich in dieser Zeit bis weit hinter die Alpen zurück, bis nach Nordgriechenland, den Balkan und die Türkei. Erst im ausgehenden 16. Jahrhundert wurde sie vom kaiserlichen Gartendirektor Charles de l'Écluse in Wien wieder angepflanzt. Er verschickte die Samen an Kollegen in ganz Europa, und so fand die Rosskastanie schließlich wieder ihre angestammten Plätze. Sie wurde über die folgenden Jahrzehnte hinweg regelrecht zum Modebaum der kurfürstlichen Parkanlagen und Alleen. In Ungarn, westlich von Budapest, gibt es den einzigen reinen Rosskastanienwald Mitteleuropas. Doch auch er ist, mit knapp 20 Hektar Größe, recht klein.

Das Holz der Rosskastanie ist aufgrund seiner weichen Konsistenz, seiner geringen Dauerhaftigkeit und Festigkeit nur schlecht zu verwerten. Es ist allerdings sehr gleichmäßig und hell, weswegen es von Tischlern gerne zur Herstellung von Küchengeräten und Küchenmöbeln sowie für Griffe, Knöpfe und Kistenholz genutzt wurde. Holzwirtschaftlich blieb der schöne Baum immer von geringer Bedeutung.

EITEL SONNENSCHEIN IM BIERGARTEN

Tatsächlich gedeiht die Rosskastanie oftmals am besten an besonders markanten Orten, als würden ihr die bewundernden Blicke guttun. So ziert sie bis heute viele Biergärten, natürlich besonders im süddeutschen Raum. Dort wurden die Bäume einst gepflanzt, um mit ihrem mächtigen Schatten im Sommer die Bierkeller zu kühlen. Viele Prachtexemplare – knorrige, verwachsene Baumveteranen mit dicken Ästen – geben den Gärten ein uriges Gepräge. Heute spenden sie ihren Schatten weniger den Bierkellern als den Biertrinkern, die sich dies sehr gerne gefallen lassen – auch als Schutz vor unvermutetem Landregen können die Rosskastanien in den Biergärten Gold wert sein.

GROSSE BEDEUTUNG IN DER NATURHEILKUNDE

Die Herkunft ihres Namens „Rosskastanie“ ist ein sehr deutlicher Fingerzeig auf die Verwendung ihrer Früchte als Viehfutter: Die Rosskastanie war ein wertvoller Nährbaum. Wie die Esskastanie wuchs sie in den Mittelgebirgen des antiken Griechenlands. Umso merkwürdiger, dass sie in keiner Schrift dieser Zeit erwähnt wird – es findet sich kein Mythos, keine Heilanwendung ist überliefert und auch nur wenige Sagen und Legenden aus dem deutschen Brauchtum sind bekannt.

In der Heilpflanzenkunde spielte und spielt sie dennoch eine herausragende Rolle, ihr biologischer Name ist schon ein klarer Hinweis darauf: *Aesculus hippocastanum*. Der darin enthaltene Wirkstoff Aesculin geht auf den Namen des griechischen Gottes der Heilkunde zurück, Äskulap. Sein schlangenumwundener Stab ist noch heute das Standeszeichen von Pharmazie und Ärzteschaft. Seit ihrer Wiedereinführung in Mitteleuropa liefert die Rosskastanie Heilmittel bei Venenerkrankungen, Krampfadern, offenen Beinen, Hämorrhoiden, Wadenkrämpfen und vielem mehr. Im Jahr 2008 wurde die Rosskastanie sogar zur Arzneipflanze des Jahres gekürt.

In früheren Zeiten wurde sie gerne in der Hosentasche getragen, manchmal gar als Halsband. Dieser „Tragezauber“ war ein probates Hausmittel gegen verschiedene Zipperlein wie Rheuma, Gicht oder Zahnschmerzen und bereits damals Hämorrhoiden, aber auch gegen den gefürchteten Schlagfluss (Schlaganfall). Mancherorts gab es den Hinweis, dass die Kastanien in der linken Hosentasche zu tragen seien, um wirksam zu sein – anderenorts war es allerdings die rechte. Dabei machte der Aberglaube keineswegs etwa vor den gebildeten Schichten Halt. So wird von Geheimräten und Professoren an Hochschulen, ja selbst von Alfred Krupp berichtet, dass sie dieses Heilmittel stets bei sich trugen. Letzterer versicherte ausdrücklich, so seinem Rheuma ein Schnippchen geschlagen zu haben. Ob er die Kastanie dabei nun in der rechten oder linken Tasche trug, ist leider nicht überliefert.

WACHOLDER

Juniperus communis

Zu allen Zeiten rührte wohl kaum eine Pflanze derart am religiösen Gefühl des Menschen wie der Gemeine Wacholder. Außer dem Holunder und der Hasel vermag kein anderer heimischer Strauch oder Baum so sehr, helle Aufmerksamkeit in leise Andacht zu verwandeln. Er ist tief in der Volksseele verankert, und noch heute kennt jedes Kind seinen Namen. Eine alte Volksweisheit fasste es einst in klare Worte: „Vor dem Holunder zieh' den Hut, vor dem Wacholder aber geh' in die Knie!"

EIN WEITER WEG BIS ZUR BLAUEN BEERE

Der Wacholder verfügt über sehr wehrhafte, harte und schmerzhaft stechende Nadeln. Wie eherne Zackensterne stehen die ein bis zwei Zentimeter langen Nadeln vom Zweig ab. Jede einzelne von ihnen scheint die Idealform des Wacholders, die einer dorischen Säule, nachzuahmen. Er ist zweihäusig, es gibt also nur männliche oder weibliche Exemplare. Die männlichen Blüten bilden sich an winzigen Stielen an den Blattachseln am Ast als kleine, gelb leuchtende Zäpfchen. Der Frühlingswind hat von April bis Juni viel Zeit, die zahllosen goldfarbenen Pollen aus den Deckschuppen zu locken und sie weit über das Land zu wehen, bis sie idealerweise von einem Bestäubungströpfchen eines weiblichen Blütenzapfens aufgefangen werden. Durch Verdunstung dieses „Mikropylartropfens" wird das winzige Pollenkörnchen in das Innere gezogen, wo die Vereinigung des männlichen und des weiblichen Prinzips geschieht. Bis daraus die dunkelblauen Beerenzapfen entstehen, die aussehen, als seien sie von einem geheimnisvollen Raureif überzogen, vergehen jedoch weitere drei Jahre. An den Wacholderbeeren tut sich dann gerne die fast amselgroße, auffällig gemusterte Wacholderdrossel gütlich, die den darin befindlichen Samen unverdaut ausscheidet und so für die Verbreitung des Baumes sorgt.

In der Heidelandschaft fühlen sich Wacholderbäume besonders wohl – wie hier, zusammen mit herbstlich gefärbtem Heidekraut am reizvollen „Wacholderweg" in der Eifel.

Der Stamm kann einen Durchmesser von einem knappen Meter erreichen, meistens stellt man aber bei genauem Hinsehen fest, dass sich die so kompakt erscheinende Wacholdersäule vom Boden aus in mehrere Stämme teilt. Die Borke ist grobschuppig wie bei der Eibe und verrät spätestens hier die Zugehörigkeit zur Ordnung der Koniferen. Häufig erreicht der Wacholder nicht seine Idealform und geht dann als breiter, ausufernder Busch in vielgestaltigen Figuren auf, die Krone abgeflacht, ausgefranst oder kegelförmig. Er kann bis zu 600 Jahre alt werden. Seine feingliedrige, tief reichende Wurzel ist in der Lage, auch felsigen und sehr unwirtlichen Boden zu durchdringen, weswegen er Gebiete besiedeln kann, die für viele andere Baumarten unerreichbar bleiben.

WEIT VERBREITET UND VIELGESTALTIG

Der Wacholder ist mit einigen Kiefernarten das wohl am weitesten verbreitete Nadelgehölz überhaupt. Wenn auch eher rar, so kommt er doch fast flächendeckend in Europa und Nordamerika vor, genauso wie im östlichsten Winkel Asiens. In weiten Tiefebenen gibt es ihn beispielsweise in der Lüneburger Heide (daher sein Name Heide-Wacholder), auf Rügen, aber auch in hochalpinem Gelände. Dies hat er seinen vielen Varietäten und seiner Anpassungsfähigkeit zu verdanken. Als stolzer, säulenartiger, bis zu zehn Meter hoher Baum kommt er ebenso vor wie als kriechender Strauch, der sich nicht mehr als drei Handbreit über den Boden zu erheben wagt.

Seine ursprüngliche Heimat in Südeuropa verließ er wohl erst im 9. Jahrhundert n. Chr., seitdem kommt er auch nördlich der Alpen vor. Nicht zuletzt durch die intensive Verwendung in der Volksmedizin wurde er gerne gepflanzt und weiterverbreitet. So vielfältig wie seine Gestalt ist seine Namensgebung. Als

„Wachhalter" wurde er gedeutet, Queckholder, Weckholter: Namen, die sich auf sein immergrünes Nadelkleid beziehen. Das mittelhochdeutsche „Queck" bedeutet so viel wie „lebensfrisch". Oft wurde er aber auch Kranawitt genannt (aus dem Althochdeutschen „chrana-witu" für Beerenholz). In Märchen wurde häufiger die niederdeutsche Bezeichnung „Machandelboom" genutzt – und doch ist kaum bekannt, dass damit der Wacholder gemeint ist. Alle seine Volksnamen sind wegen der vielen Sagen und Legenden oft entstellt und regional verändert worden, über 150 verschiedene Namen sind bekannt!

Der botanische Name *Juniperus* war schon bei den Römern in Gebrauch. Er ging vermutlich aus der Zusammenführung der Worte „juvenis" für Jugend und „parere" für gebären hervor.

Vielleicht ein früher Bezug auf die jungfräuliche Geburt – oder ein Hinweis auf die jahrhundertelange Nutzung des Baumes als Abtreibungsmittel, vor allem in seiner Erscheinungsform als Stinkwacholder oder Sadebaum (*Juniperus sabina*). Stand ein Stinkwacholder in der Nähe eines Dorfes, so war dies ein untrügliches Zeichen dafür, dass hier eine „Engelmacherin" ihr Unwesen trieb. Da der Sadebaum-Extrakt hochgiftig ist – bereits sechs Tropfen des Öls sollen tödlich sein – kam es sicherlich oft zu tragischen Todesfällen.

Die Beeren des Wacholders sind bereits an steinzeitlichen Feuerstellen gefunden worden. Auch in der Zeit unserer Vorväter, in germanischen und keltischen Kulturen, war der Wacholder ein wesentlicher Medizinbaum: Sie verbrannten ihre Toten auf seinem Holz. Insbesondere für reinigende Räucherungen aller Art wurde es noch Jahrhunderte später genutzt; es hat einen starken, würzigen Duft und sollte alles Böse vertreiben. Seine antibakterielle Wirkung ist heute längst erwiesen.

Die Wacholderbeeren sind an der Oberseite mit einer kreuzähnlichen Zeichnung versehen, es entsteht durch verwachsene Fruchtblattschuppen der Samenanlage. Vielleicht aufgrund dieser sakralen Anmutung findet der Wacholder auch Erwähnung in der Bibel: „Was hat Efraim noch mit den Götzen zu tun? Ich, ja ich, erhöre ihn, ich schaue nach ihm. Ich bin wie der grünende Wacholder, an mir findest du reiche Frucht" (Hos 14,9).

GNADENREGEN UND SCHUTZMACHT

Der Wacholder bewachte laut Volksglauben Zwergenhöhlen, unter ihm waren unermessliche Schätze zu finden. Schlug man mit einer Haselrute zur Blütezeit auf einen Wacholder, sollte sich der Zugang zu einem Schatz öffnen. Sicher ist jedenfalls, dass auf diese Weise der so reichlich vorhandene, goldgelbe Blütenstaub aufgewirbelt wird und dem Schatzsucher kleine „Goldwölkchen" um die Nase wehen. Dies hat dem Wacholder auch den Namen Gnadenregen eingebracht.

Im Zauberglauben bot er eine Schutzmacht vor Hexen, Druden und bösen Zwergenkönigen. Der Wacholder war eines der „neun magischen Hölzer". Saß man zur Walpurgisnacht auf einem Schemel, der aus diesen Hölzern gezimmert worden war, so konnte man die wild tanzenden Hexen erkennen und war geschützt vor allen fluchenden Teufeln und Verschwörungen.

Trost brachte die Vorstellung, dass die Seelen Verstorbener, die noch nicht ganz von dieser Welt gehen konnten, im Wacholder aufgehen konnten und von ihm freundlich aufgenommen und beherbergt wurden. Wie die Eibe ist der Wacholder deswegen ein Baum, dem man oft auf Friedhöfen begegnet.

VOM BECHER BIS ZUM GIN

Das weiche Holz ist gut zu verarbeiten, es ist sehr dauerhaft und schwer zu spalten. Seine dichte, gleichmäßige Textur ist im Schnitzhandwerk sehr begehrt. Das Holz dient zur Herstellung von Gefäßen und Bechern, von Holzbesteck und Tellern sowie von Intarsien im Kunsthandwerk. Aus der harzigen Substanz zwischen Holz und Borke gewinnt man Sandarak, einen Grundstoff der Lackherstellung. Es ist übrigens genau dieser Stoff, den einige Naturvölker Nordafrikas als Räucheropfer noch heute ihren Göttern darbieten. Wegen des begrenzten Vorkommens erlangte das Holz jedoch nie waldwirtschaftliche Bedeutung.

Nicht zuletzt sind die Wacholderbeeren aus keiner guten Küche wegzudenken. Zugang zu einer anderen „geistigen Welt" gewährt der Wacholder jedoch auch durch den ganz profanen Genuss von Gin und dem Schnaps Genever – sie werden aus seinen Früchten gebrannt.

WALNUSS

Juglans regia

Durch die beeindruckende Silhouette dieses wundervollen Baumes ist seine Gestalt auch im Herbst und Winter gut zu erkennen. Der recht kurze, feste Stamm eines einzeln stehenden Baumes teilt sich manchmal bereits in Kopfhöhe und verzweigt sich bald darauf in Tausende wirre Verästelungen. Selbst die dickeren Äste im unteren Teil streben mal nach unten, mal steil nach oben, als wüssten sie nicht so recht, was sie wollen. Im leichten Wind kann der ganze Baum aussehen wie ein Mobile – er gerät an allen Enden, in allen Zweigen und Ästen in Schwingung. Unentschlossen wiegt er sich bald in die eine, bald in die andere Richtung, bald gleichzeitig in beide. Erst aus der Nähe und nach stiller Betrachtung erschließt sich eine Ordnung: Das vermeintliche Chaos ist ein in sich geschlossenes System. Es stützt sich selbst, weil alles mit allem verbunden ist; es greift ineinander und baut aufeinander auf. Alles zieht in die Breite und es bildet sich eine energische, umfangreiche, weit ausladende Krone.

Der Baum will den Himmel umarmen. Es ist unmöglich, diese Struktur zu erkennen, sieht man nur auf einzelne Bereiche: Unzählige Verzweigungen scheinen unlogisch, dicke Verwachsungen, brüchige Triebe. Erst der Blick auf die ganze Gestalt offenbart die Absicht: Er ist ein Sinnbild unseres Lebens. Leider gibt es nur sehr wenige Exemplare, die sich so frei entwickeln dürfen. Meistens werden Walnussbäume aus „ästhetischen" Gründen beschnitten, oder sie werden aufgrund von Sicherheitsbedenken an ihrer ausgreifenden Entwicklung behindert, denn natürlich gibt es öfter Astbruch.

DER DUFT VON FRISCHEN GRÜNEN ÄPFELN

Der Walnussbaum ist ein sommergrüner Laubbaum, er kann frei stehend bis zu 25 Meter hoch werden und dabei eine Krone von mehr als 40 Metern Durchmesser erreichen. Nicht selten werden solche Veteranen über 200 Jahre alt. Bei

Die verschiedenen Kultursorten von heute bringen ganz unterschiedliche Walnuss-Qualitäten hervor. Allen gemeinsam ist die lange Reifezeit am Baum.

jüngeren Bäumen ist die Rinde glänzend glatt, fast wie die der Buche – hätte sie nicht diese wunderlichen Längsriefen, die der Buche völlig fehlen. Im Laufe der Zeit entwickelt sich daraus eine längsrissige, schwarzgraue Borke.

Nach der Eiche treibt die Walnuss als letzter Laubbaum erst sehr spät im Jahr aus und entfaltet dann durch die wunderschönen Fiederblätter die wahre Wucht ihrer imposanten Krone. Eine Fieder misst bis zu 40 Zentimeter und ist mit bis zu neun ovalen Einzelblättern bestückt, die jeweils 15 Zentimeter lang werden können. Immer aber ist das einzelne Endfiederblatt an der Spitze am längsten. Die jungen Blätter haben noch einen bronzefarbenen Ton, den sie aber allmählich zugunsten eines zurückhaltenden, blassen Grüns verlieren. Der Blattrand ist glatt und nicht gesägt, durchzogen von filigranen Äderchen. Zerreibt man die ledrigen, festen Blätter zwischen den Fingern, steigt ein stark würziger Duft auf, der an frische grüne Äpfel erinnert.

Erst nach etwa 20 Jahren blüht der einhäusige Walnussbaum ein erstes Mal. Ende April, Anfang Mai lugen zuerst die grüngelben männlichen Blüten hinaus: dick mit Pollen beladene, hängende Kätzchen, die bis zu zwölf Zentimeter lang werden. Die weiblichen Blüten folgen erst bis zu vier Wochen später, zu zweit oder zu dritt stehen sie an den neuen Trieben: fleischige, bis zu zwei Zentimeter messende Fruchtknoten, eingehüllt in einen festen, schützenden Pelz. Daraus entwickeln sich nach der Befruchtung bis zum September, Oktober die Früchte – die Walnüsse. Sie sind umschlossen von einer dicken, grünen Hülle, die langsam und widerwillig reißt, als wolle der Baum sich nicht davon trennen. Doch bald sind sie nicht mehr zu halten, die Hülle reißt ganz und gebiert die reifen Früchte. Wie ein Geschenk an die Welt fallen die runzeligen Nüsse hinab, der Erde entgegen, in eine ungewisse Zukunft.

In jungen Jahren reift eine tief greifende Pfahlwurzel heran, die sich jedoch im Laufe der Zeit zu einem festen, weitreichenden Herzwurzelsystem ausbildet. In seiner Wucht und seiner verästelten Schönheit steht es der Krone in nichts nach – muss für uns jedoch unsichtbar bleiben.

MITBEWERBER GEKONNT AUSGESCHALTET

Konkurrenten im direkten Umkreis unterhalb seiner Krone lässt der Walnussbaum keine Chance. In seinen Blättern produziert er die Chemikalie Hydrojuglon, das von dort in seine Wurzeln transportiert wird, aber auch durch im

So manche Streuobstwiese ist verschwunden, hier in Bayern erzählt der gewaltige Walnussbaum von seinen einstigen Begleitern.

frühen Herbst hinabfallendes Laub ins Erdreich gelangt. Hier wandelt es sich durch mikrobakterielle Prozesse zur keimhemmenden Chemikalie Juglon um und macht den meisten Versuchen seiner Mitbewerber, Fuß zu fassen, schon früh den Garaus. Vielleicht ist dieser Stoff auch der Grund dafür, dass auf Nussbäumen nicht mehr als insgesamt sieben pflanzenfressende Insekten- und Milbenarten gezählt wurden – im Gegensatz dazu kennt man beispielsweise fast 1000 Arten, die sich von der Eiche ernähren.

NUR SELTEN WILD ANZUTREFFEN

Der Ursprung des Walnussbaums wird im Fernen Osten vermutet, so wie heute gibt es die Walnuss nachweislich bereits seit mehreren Millionen Jahren. Die in Mitteleuropa so unwirtliche Eiszeit saß der Walnussbaum wahrscheinlich in Syrien und in angrenzenden Gebieten aus. Im Himalaya-Gebirge klettert er bis auf 3300 Meter Höhe, in unseren Breitengraden dagegen kommt er selten über 800 Meter hinaus.

Seit der Antike wird die Walnuss in Griechenland kultiviert, von den Römern wurde sie nördlich der Alpen wieder eingeführt. Früher bezeichnete man die Gallier, in deren Gebiete die römische Besatzungsmacht die Walnuss zuerst exportierte, als Welsche. Aus „Welschnuss" entwickelte sich wahrscheinlich der Name „Walnuss".

Dieser Baum ist einer der treuesten Begleiter des Menschengeschlechts und war, wie der Speierling, einer der Vertreter auf der Liste der „Capitulare de villis", der Landgüterverordnung von Karl dem Großen. Diese schrieb um das Jahr 800 n. Chr. vor, welche Pflanzen angebaut werden mussten.

Noch heute findet man die Walnuss hauptsächlich in Gärten, Arboreten, Parks und botanischen Anlagen. Nur selten wird sie wild im Freien gesichtet.

Hier liebt sie das mediterrane Klima und folgt den Weinanbaugebieten, den weiten Gauen des Rheins und der Donau. In Österreich dagegen findet man in den Seitentälern der Donau kleinere, widerstandsfähige Walnussarten, die wild wachsen. Die sehr aromatischen Früchte werden dort Steinnüsse genannt.

DIE WALNUSS IN MYTHOS UND GESCHICHTE

Die Walnuss ist neben dem Apfelbaum und der Esche einer der in der Überlieferung interessantesten Bäume überhaupt, unzählige Sagen und Legenden verbinden sich mit dem Walnussbaum.

Das antike Nussfest „Karyateia" feierte die Frucht bei den Griechen im jährlichen Rhythmus. Auf dieses Fest gehen die berühmten Hirtengesänge zurück, die sogenannte „bukolische Dichtung". Dionysos liebte einst Karya, eine Priesterin der Göttin Artemis, Tochter des spartanischen Königs Dion, der von Apollo die Gabe des Sehens geschenkt worden war. Er verwandelte sie in einen Nussbaum, und sie wurde eine der ersten Dryaden – Nymphen, die in Bäumen leben, sie beseelen und beschützen. Noch weiter führt die Göttersage einer anderweitig überlieferten Genealogie, der zufolge Karya nur eine von acht Schwestern war, die im Laufe ihres Lebens alle unter verschiedenen Umständen in Bäume verwandelt wurden.

Juglans regia, der botanische Name, bedeutet so viel wie „die Eichel Jupiters", die Walnuss war also Nahrung für die Götter. Im alten Rom streute man bei Hochzeiten Nüsse, sie waren das Fruchtbarkeitssymbol schlechthin. Später wurde daraus ein Sinnbild des weiblichen Geschlechtsorgans und der Ausdruck „Nüsse knacken" ein geflügeltes Wort mit vielerlei Bedeutungen. Seit einigen Jahren arbeiten Pharmazeuten daran, aus den Nüssen ein natürliches Potenzmittel herzustellen. Für die Herstellung einer einzigen Pille, deren Wirkung einige Stunden anhält, bedarf es allerdings rund 3,5 Kilogramm Nüsse. Die Wirksamkeit entsprechender Medikamente ist empirisch erwiesen.

Nicht immer stand der Walnussbaum für das Helle und Gute, für Fruchtbarkeit und Leben. Vielleicht wegen der zu damaliger Zeit unerklärlichen Tatsache, dass sich andere Pflanzen kaum in seine Nähe wagen, wurde er auch zum vom Bösen besessenen Teufelsbaum. Es ging das Gerücht herum, dass unter dem Baum der Teufel und die verdammten Seelen Verstorbener leben. Dennoch lief die Walnuss der Haselnuss den Rang als wichtige Nahrungsquelle ab.

SEIT DER ANTIKEN MEDIZIN EIN BEGRIFF

Offiziell anerkannt sind heute die Heilwirkungen der Walnussblätter, unter anderem bei oberflächlichen Entzündungen der Haut, wie z. B. Ekzemen oder Milchschorf und bei übermäßigem Schwitzen. Schon im Brauchtum und in der Volksmedizin spielte der Baum eine große Rolle. Überlieferungen zufolge wurde die Heilkraft der Walnussblätter spätestens seit dem griechischen Heilkundigen Galen (131 – 202 n. Chr.) genutzt. Zuvor waren es eher die Nüsse und die Blüten, die zur Anwendung kamen. Dioskurides schreibt in seiner „Materia Medica" noch von der Persischen Nuss als Mittel gegen Hunde- und Menschenbisse, genossen mit Zwiebel, Salz und Honig. Der Apotheker Tabernaemontanus empfahl im 16. Jahrhundert, die Nuss um den Johannistag herum zu stoßen und ein Wasser daraus zu brennen:

> **„Diß Wasser soll gut seyn zur Zeit der Pestilenz, wann man einen Trunck darvon thut soll es dem Gifft und der Pestilentzischen Luft Widerstand thun."**

Der Blocksberg Italiens ist ein Nussbaum: „Il Noce di Benevento" ist nicht nur eine Oper von Giuseppe Balducci, sondern ein realer Nussbaum in Benevento, nahe des Vesuv. Sagen berichten, um ihn herum versammelten sich in der Johannisnacht Hexen, Feen und Zauberer. Der Bischof von Benevento, Barbatus, fällte den Zauberbaum im 7. Jahrhundert und glaubte so, dem Spuk ein Ende zu machen. Doch der Baum wuchs wieder nach und war so schwer zu vernichten wie der tief sitzende Aberglaube des einfachen Volks. Aufzeichnungen der Inquisition besagen, dass noch im Jahr 1519 Frauen nach heftiger Folter gestanden, sich zum Hexensabbat beim Noce di Benevento getroffen zu haben, um ihre Rituale abzuhalten.

Lange ging man davon aus, dass die Walnuss Gehirnkrankheiten heilen könne. Die Signaturenlehre des Paracelsus beruht darauf, dass Pflanzen in Form und Farbe auf diejenigen Organe hinweisen, gegen deren Krankheiten sie wirksam sind. Walnüsse haben ein dem Gehirn sehr ähnliches Aussehen – tatsächlich weiß man heute, dass sie die Hirntätigkeit unterstützen und wegen ihres Gehalts an B-Vitaminen eine ausgezeichnete Nervennahrung sind.

WILDBIRNE

Pyrus pyraster

So recht weiß man erst einmal nichts mit ihr anzufangen, wenn man sie unvermittelt am Waldrand trifft. Sie kann ein durchaus ernst zu nehmender Baum sein, zumeist ist sie jedoch eher kleinwüchsig und sieht den Betrachter keck und vorwitzig an. Fast erwartet man einen frechen Spruch – und hat sich im gleichen Moment in sie verliebt.

Sie ist die wilde Schwester der tausendfach in unseren Gärten und Streuobstwiesen wachsenden zahmen, domestizierten Art des Birnbaums. Es ist gar nicht so einfach, die beiden voneinander zu unterscheiden. Tatsächlich streiten sich bis heute die Experten, ob es sich dabei um zwei verschiedene Arten oder eher um bestimmte Ausprägungen („Varietäten") handelt. Deutlich wird der Unterschied zwischen Wildbirne und Birnbaum allerdings, wenn man die reifen Früchte in der Hand hält oder gar hineinbeißt: Wenn es gut schmeckt, so handelt es sich bestimmt um *Pyrus communis*, die Kulturbirne.

GUT FRISIERTE GARTENFLÜCHTERIN

Ähnlich wie bei ihrem Cousin, dem Wildapfel, ist es vermutlich so, dass es die ursprüngliche Wildbirne, also die Mutter der Kulturbirne, gar nicht mehr gibt. Die noch wild vorkommenden Arten sind wohl irgendwann vor dem vergleichsweise trostlosen Einerlei unserer Gärten geflüchtet, um ihr Glück in selbstbestimmter Freiheit zu suchen. Sie sind also eher Kulturbirnen, die sich wieder zurückentwickelt haben. Wie alle ausgewilderten Obstbäume findet man aber auch die Wildbirne nie im dichten Wald: Ihr Terrain ist der Waldrand und die Feldflur, wo Licht und Wärme ohne den großen Konkurrenzdruck der großen Waldbäume zu haben sind. Dort zeigt sie sich dann bisweilen als prächtiger, bis zu 20 Meter hoher Baum mit einer schlanken und wohlgeformten Krone, die sich in einem weit gestreckten Oval dem Himmel entgegenwölbt. Diese „Fruchtbogen" genannte Wuchsform des Wipfels entsteht durch eigentlich senkrecht wachsende Hauptäste, die durch das Gewicht ihrer Früchte in rundem Bogen nach unten gezogen werden. Jüngere Seitensprosse übernehmen das Höhenwachstum, bis auch sie das gleiche Schicksal ereilt. Aus vielen gebogenen Ästen entwickelt sich schließlich die charakteristische Form der Krone – wie das Ergebnis einer würdevollen Zeremonie in einer guten Frisierstube. Soweit das Lehrbuch: In der Praxis sieht es Gott sei Dank eher so aus, als sei ein kräftiger Windstoß durch die frisch gelegte Haartracht gefahren und hätte dem eitlen Getue ein verwuscheltes Ende bereitet. Als Solitär kann die Birne eine knorrige Gestalt entwickeln, die fast an die gebieterische Haltung alter Eichen erinnert. Manchmal aber bückt sie sich auch völlig bescheiden und unprätentiös in die Böschung, gleicht dann eher einem Busch als einem Baum und ist als Wildbirne kaum mehr zu erkennen. In jungen Jahren schützt sie sich übrigens mit Dornen, was zu Verwechslungen mit anderen Arten führen kann.

Die Birne ist ein sommergrüner Laubbaum und gehört zur großen Familie der Rosengewächse. Ihr Stamm erreicht beim ausgewachsenen Baum einen Durchmesser von 80 bis 120 Zentimetern. Die Borke ist auffällig würfelförmig unterteilt, was sie vor Verwechslungen mit der Eiche bewahrt.

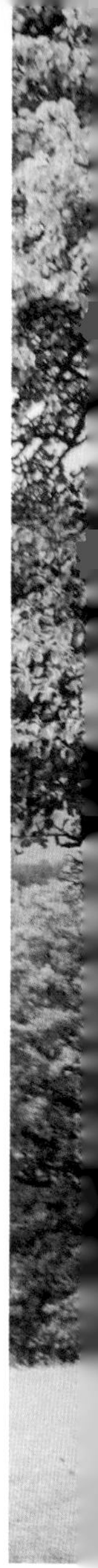

MIT DER HOLZBIRNE AUF DEM HOLZWEG

Die Zweige enden in einem stechend-spitzen „Sprossdorn", was eher für ein Niedergehölz typisch ist. Die dunkelgrünen, an den Rändern fein gesägten Blätter sind oval geformt und treiben Ende April, Anfang Mai aus. Von April bis Mitte Juni schmückt sich die Birne mit wunderschönen, weiß-rosafarbenen Blüten, aus deren fünf Kronblättern sich mittig 20–30 neugierige Staubblätter in die Welt recken. Mit ihrer karminroten Farbe unterscheiden sich die Staubblätter sehr deutlich von denen der Apfel- oder Speierlingsblüten. Die Wildbirne ist wie die meisten Obstbäume einhäusig und zwittrig veranlagt, das heißt, männliche und weibliche Anteile sind in einer Blüte zu finden.

Die Wildbirne bildet verschwenderisch viele ihrer grüngelben Früchte aus. Diese sind jedoch kaum als Birnen zu erkennen, sondern gleichen vielmehr kleinen Äpfelchen. Sie haben viele holzige Stellen, sogenannte Steinzellennester. Wer nun vermutet, dass sich so ihr Name Holzbirne erkläre, befindet sich auf dem Holzweg. Holz steht hier, wie beim wilden Holzapfel auch, als Synonym für Wald: die „Waldbirne" also.

Ein seltener Anblick: Die ursprüngliche Wildbirne darf hier weiterleben, auch wenn ihr Obstertrag kaum zu nützen ist. Dafür belohnt sie uns mit ihrer außergewöhnlichen Wuchsform.

Langsam wächst sie, bedächtig und schlingernd, mit einem Wirrwarr aus Ästen und Zweigen – die Wildbirne ist beeindruckend schön.

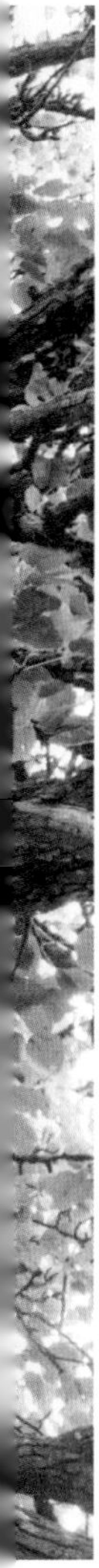

SEIT JAHRTAUSENDEN WELTWEIT KULTIVIERT

Vermutlich ist die Wildbirne als Vorläuferin der uns heute geläufigen etwa 20 Arten nach der letzten Eiszeit aus Persien in den Mittelmeerraum eingewandert. Im antiken Griechenland war sie eine bekannte und geschätzte Art, spätestens von den Römern wurde sie kultiviert. Heute reicht ihr Verbreitungsgebiet von Westeuropa bis tief in den Kaukasus, allerdings nicht weit in die nördlichen Regionen. Sie ist zwar bis zu minus 24 Grad Celsius frosthart, aber generell sehr wärmebedürftig. Überraschenderweise ist China das an Birnen artenreichste Land der Erde. Dort hat der Baum eine lange Tradition. Die Chinesische Wildbirne (*Pyrus calleryana* 'Chanticleer') hält wegen ihrer Schönheit und der relativ einfachen Pflege derzeit Einzug in unsere Städte, wir werden sie hier wohl zukünftig häufiger sehen.

In Deutschland ist die Wildbirne bislang in den Auenwäldern am Rhein und an der Elbe zu entdecken, häufiger im Süden als im Norden – und in Mecklenburg-Vorpommern, wo sie überdurchschnittlich oft auftaucht. Sie ist ein sehr seltener Baum, bei genauen Zählungen hat man nicht mehr als etwa 14 000 in Freiheit lebende Exemplare in Deutschland erfasst. So findet sich die Wildbirne in einigen Bundesländern auf der Roten Liste der bedrohten Arten wieder, weswegen es aktuell verstärkte Bemühungen der Forstwirtschaft gibt, sie zu erhalten.

ENG VERFLOCHTEN MIT DER ANTIKE

Argiver, so nannte Homer die antiken Hellenen, die unter Inachos, dem Flussgott und ersten König der Stadt Argos, auf dem Peloponnes siedelten. Die vor etwa 5000 Jahren gegründete Stadt gilt als die älteste durchgehend besiedelte und noch heute existierende Stadt Europas. Dem Mythos zufolge ernährten sich ihre ersten Einwohner fast ausschließlich von Wildbirnen und nannten später ihr ganzes Land nach ihr: Apia – das Land der wilden Birnen.

In einem anderen griechischen Mythos spielt die Birne eine undankbare Rolle: Dem in einen Teich gebannten, fürchterliche Hungerqualen leidenden Tantalos stand das Wasser bis zum Kinn. Von oben neigten sich ihm die schweren, fruchtbeladenen Zweige eines Birnbaums entgegen. Doch immer, wenn er seinen Hunger damit stillen wollte, kam ein unbarmherziger Wind auf und

Mit der Auslichtung der Astreihen und dem „Formschnitt" eines Dreiecks bekommt die Wildbirne durch die Kultivierung des Menschen eine optimale Form für möglichst großen Fruchtertrag.

wehte die Äste in unerreichbare Höhen. Der von den Göttern Verstoßene leidet vermutlich noch heute und in alle Ewigkeit die sprichwörtlich gewordenen „Tantalosqualen".

Der Heilige Augustinus schildert in seinen „Confessiones" (Bekenntnissen), die um 397 n. Chr. entstanden und bis heute zu den bedeutendsten Autobiografien der Weltliteratur zählen, seine Jugend. Der aus gutem Hause stammende Junge pflückte eines Nachts den Birnbaum in Nachbars Garten leer – nicht um der Birnen willen, die warf er den Säuen zum Fraß vor, sondern einzig wegen der bösen Tat, der er einen wilden, sündhaften Genuss abgewann.

Bei den Germanen wiederum war die Wildbirne ein heiliger Baum, besonders die hoch in ihren Zweigen wuchernde Mistel wurde sehr verehrt. Sie galt als Wohnstatt von mächtigen Göttern, von geheimnisumwitterten Drachen und besaß große Heilkraft. Das war den christlichen Missionaren bald ein Dorn im Auge, weswegen sie die den heidnischen Göttern geweihte Wildbirne ebenso wie die germanischen Götterkulte grausam bekämpften.

DIE BIRNE IN CHRISTENTUM UND TRADITION

Gleichzeitig mit ihrer Bekämpfung durch Missionare fand die von den Römern bis zur Perfektion kultivierte Birne jedoch Einzug in die Klostergärten: Ihr lieblicher Geschmack wurde zum Sinnbild der Liebe, das reine Weiß der Blüten stand für die Unbeflecktheit der Jungfrau Maria und die roten Staubblätter für das Blut Jesu.

Im Wallfahrtsort und Kloster Maria Birnbaum bei Sielenbach in Oberbayern findet dies einen Nachhall. In der dortigen Kirche wird seit nunmehr fast 400 Jahren „Unserer Lieben Frau im Birnbaum" gedacht. Die architektonisch bedeutende Kirche wurde rund um den hohlen Stamm eines alten Birnbaums gebaut, in dem 1632 ein Hirte ein Marienbild vor den brandschatzenden Schweden versteckte. Der Stamm dieses hohlen Baumes ist noch heute hinter dem Altar zu sehen.

WERTVOLLES HOLZ

Das Holz der (Wild-)Birne ist wegen seiner Seltenheit und ausnehmend guten Beschaffenheit eines der wertvollsten heimischen Hölzer überhaupt. Schon zu

Homers Zeiten wurden daraus kunstvolle Bildwerke geschnitzt. Das Holz ist fein, mäßig hart und lässt sich doch leicht schneiden. Lange Zeit wurden seiner Beständigkeit wegen Zeichenmaterial wie Lineale, Reißschienen und Maßstäbe daraus hergestellt. Kaum ein anderes Holz war besser für die im Buchdruck benötigten Druckstöcke geeignet. Dunkel gefärbt, ist es der beste Ersatz für Ebenholz.

VOLKSGLAUBE UND LYRIK

Der Birnbaum galt im Brauchtum immer als männlicher Baum, während der Apfel alles Weibliche symbolisierte. Bereits Albertus Magnus (1193–1280) zeichnete dies auf und verwies auf das zähe Holz und das harte Blattwerk. Freilich glich die füllige Frucht eher dem Schönheitsideal für Frauen – und so kannte die Volkserotik viele derbe Namen für sie: Von Frauenschenkel über Jungferlennen bis hin zur Arschbackenbirne. Darüber mag man streiten, doch wer einmal in eine Holzbirne gebissen hat, dem sind Begriffe wie Strenglinge oder Würgebirnen sehr eingängig!

In der volkstümlichen Medizin spielte die Birne keine große Rolle, sieht man von den sogenannten Verpflockungen ab. Ähnlich wie bei anderen Obstbäumen auch (siehe Apfelbaum, Seite 77) wurden Krankheiten so auf den Birnbaum übertragen.

Ein anderer Brauch gegen eine uralte Plage der Menschheit, die Gicht, ist überliefert: Wer sie hat, „geht freitags um Betglockenzeit … unter einen jungen Birnbaum und spricht: ‚Mein lieber, guter Birnbaum, ich klage Dir all mein Reißen und Spleißen, und die schwellende Gicht, die mich plagt Tag und Nacht, dass sich Gott im Himmel erbarmen mag. Der erste Vogel, der fliegt über diese Kluft, nehme die Schmerzen mit in die Luft!‘" Ein hinterhergeschicktes Vaterunser versicherte den Kranken, dass der Heilzauber wirken würde.

Unsterblich wurde die Birne auch durch Theodor Fontane, der 1889 dichtete: „Herr von Ribbeck auf Ribbeck im Havelland, Ein Birnbaum in seinem Garten stand …". Die Ballade handelt von der nahrhaften, süßen Frucht, die Herr von Ribbeck über seinen Tod hinaus an bedürftige Kinder verteilt.

ESCHE

Fraxinus excelsior

So wie Hermann Hesse liebevoll über den Wind in der Kastanie spricht, hätte er auch „im Eschenbaum das Licht" besingen können – es ist, als würde sich die Sommersonne im Windspiel ihres gefiederten Blätterkleides verfangen, fast als würde dieser Baum nach ihrem Licht greifen, um sich herauszuputzen. Die Esche beginnt einen leidenschaftlichen Tanz mit jedem blanken Sonnenstrahl, der sie berührt, spiegelt ihn tausendfach zwischen ihren Blattfiedern und fächert ihn auf in einen angenehmen Glanz, dem alles Grelle, alles übermäßig Helle fehlt. Sie wirkt sich ein weiches Lichtergewand, das die Augen nicht schmerzt, schmiegt sich hinein, und alles unter ihr schimmert in einem ausgewogenen Schein.

EIN LICHTER BAUM

Man sagt, es würde unter einer Esche niemals dunkel, und die unbeschreibliche Stimmung unter ihrer Krone im silbernen Glanze des aufgehenden Neumondes erzählt davon. Die Esche ist der Sonne gewidmet und wird nachts doch die heimliche Schwester des Mondes, der es der Sonne gleichtut: Beide verstehen sich darauf, das brennende Licht der Sonne zu spiegeln und zu bändigen, ihre goldenen Strahlen zu versilbern und ihnen seine ganz eigene Art zu verleihen, voller Weisheit, Tiefe und Vertrauen. Dankbar trinkt die Esche des Nachts von diesem sanften Hauch aus Mondlicht, badet ihre bewegten Blätter darin und strahlt diese Aura liebevoll hinaus in ihr Reich, bis es im Morgentau erlischt.

Als Mitglied der Familie der Ölbaumgewächse kommt die Verwandtschaft der Esche mit etwa 600 verschiedenen Arten hauptsächlich aus südlichen Gefilden: Neben dem Olivenbaum gehören auch etwa Flieder, Liguster und Forsythie dazu. Und so zeigt die Esche einige überraschende Charaktereigenschaften, die sie in unseren Breitengraden ziemlich einzigartig macht. Vielleicht lässt sich so ihre Verbindung zu Licht und Sonne erklären.

Eine gesunde Esche kann rasch zum mächtigen Baum werden, wie diese hier mit etwa 720 cm Stammumfang in Boll (Baden-Württemberg).

EIN WAHRES GESCHENK DER SCHÖPFUNG

Die Esche liebt die Nähe des Wassers und ist in abwechslungsreichen Edellaubwäldern, in Au- und Mischwäldern sowie an Bachläufen und Flussufern zu Hause. In Gesellschaft von Erlen und Weiden fühlt sie sich wohl, in trockenen Gefilden verschwindet sie zugunsten der durchsetzungsfähigeren Buche. Dennoch ist die Esche mit über 40 Metern Höhe der höchste Laubbaum Europas! Viele Familien-, Flur- und Ortsnamen wie Eschersheim, Eschenbach und Aschau deuten noch auf die wahrhaft große Bedeutung dieses Baumes hin.

Durch ihr markantes Fiederblattkleid ist sie unverwechselbar und besonders leicht zu erkennen. Als letzte der heimischen Baumarten, allenfalls gemeinsam mit dem Walnussbaum, aber nach der Eiche, treibt die Esche erst im Frühsommer aus. Die Fiederblätter werden fast 40 Zentimeter lang und bestehen aus bis zu 15 einzelnen, schmalen, lanzettförmigen Blättern, die jeweils mehr als zehn Zentimeter lang werden können. Mit diesen tiefgrünen Fiederblättern greift sie an klaren Sommertagen in das Blau des Himmels. Im Herbst, wenn sich alle anderen Bäume einen Wettstreit um die buntesten Farben liefern, verliert sie ihre Blätter allerdings noch grün, sie lässt sich bestenfalls zu einem blassen, unprätentiösen Gelb herab. Die nährstoffreichen Blätter verrotten schnell und sind ein Segen für alles, was unter ihr kreucht und fleucht.

Selbst nach dem Blattabwurf ist sie aber an den kleinen, auffälligen, tiefschwarzen Winterknospen zu erkennen, in deren Leib sich die Bildung von Blüten und Pollen vollzieht. Im März des Folgejahres, also noch vor dem erneuten Laubaustrieb, beginnt die Blütezeit der Esche. Die Knospen können ihre wertvolle Fracht dann nicht mehr halten, sie blähen sich auf, bis sie platzen. Sie werden zu unscheinbaren, dunkelvioletten Blüten, die ihre Pollenlast bis in den April hinein an den Wind abgeben. Mit der Geschlechtszugehörigkeit nimmt es der bis zu 40 Meter hohe Baum nicht allzu genau. Die Blüten der Esche können alles sein: männlich, weiblich oder zwittrig – sie ist dreihäusig.

Obwohl die Esche „windblütig“ ist, spielt sie als Bienenweide eine große Rolle. Etwa 25 000 Pollen pro Blüte stehen für die Bienen bereit. Für mehr als 40 Insektenarten ist die Esche ein reichhaltiges Füllhorn, unter ihnen einige der schönsten Schmetterlingsarten, wie das Blaue Ordensband, das mit bis zu zehn Zentimetern Flügelspannweite zu den größten bei uns vorkommenden Schmetterlingen gehört. Sie alle ernähren sich vom gefiederten Blattwerk des Lichtbaumes, vom Holz, der Borke und der Rinde.

SCHUTZ FÜR OBSTPLANTAGEN

Die knapp vier Zentimeter langen Früchte, länglich-ovale Nüsschen, die sich etwas später aus den befruchteten Blütenständen entwickeln, hängen in Kaskaden wie etwas zu klein geratene, tiefgrüne Zuckerschoten an den Zweigen. Spätestens im Oktober verholzen sie leicht, werden braun und lassen sich von rauen Herbstwinden als Schraubenflieger davontragen. Oft hängen sie den ganzen Winter und noch weit in das nächste Jahr hinein in dichten Trauben am Baum. Messungen haben ergeben, dass die geflügelten Nüsschen eines etwa 30 Meter hohen Baumes im Schnitt nicht weiter als gut 50 Meter fliegen, im Vergleich ein eher begrenztes Verbreitungsgebiet.

Eschenfrüchte sind die Leibspeise einiger Vögel, vor allem der Gimpel, aber auch von Meisen, Sperlingen, Finken und Dompfaffen. Diese werden im Obstbau als „schädliche Vogelarten“ eingestuft, da sie sich im späten Winter, wenn die Nahrungsquellen endgültig versiegen, gerne an den Knospen der Obstbäume gütlich tun – und die kommende Ernte damit natürlich verschlechtern. In der Nähe wachsende Eschen sind also ein ökologisch sehr wirksamer Schutz für Obstkulturen, denn sie bieten den Vögeln eine bevorzugte Alternative.

Sieht man in einem Eschen-Buchen-Mischwald nach oben, entdeckt man ein überraschendes Phänomen: Die Kronen selbst eng zusammenstehender Bäume berühren sich kaum. Sogar dem Himmel so nah scheinen sie sich nicht grün zu sein und halten Abstand voneinander. Sie bilden sogar die Kontur des Nachbarn nach, scheinen aber peinlich genau darauf bedacht zu sein, jede Nähe zu meiden. Woran diese seit den 1920er-Jahren bekannte „Baumkronenschüchternheit“ liegt, ist bisher unbekannt – denn andere Baumarten können sich offensichtlich sehr gut leiden. So schmiegen sich Linden gerne an benachbarte Buchen und beide greifen ineinander wie gute Freunde.

Weithin sichtbar lebt diese mächtige Esche auf einem Berghang mit Blick zur Kanisfluh. Ob sie wohl das Eschen-triebsterben überleben wird?

Die Rinde älterer Eschen scheint aus senkrechten Holzstäbchen zusammengefügt zu sein. Das typische Muster entsteht durch den Umfangzuwachs der Stämme.

KLARE LINIEN UND STARKE WURZELN

In der Jugend verfügt die Esche über eine graue, rissige Borke, die mit zunehmendem Alter knöcheltiefe Furchen entwickeln kann, die dem Baum dann seinen unverwechselbaren Charakter verleihen. Im freien Stand entfaltet sie sich in alle Richtungen und bildet eine schirmartige, große Krone aus, die von vielen starken Ästen getragen wird, geradlinig und ohne große Verzweigung.

Im nicht sichtbaren Bereich unter der Erde wartet die Esche mit Überraschungen auf. Als junger Keimling fasst sie zunächst mit einer senkrecht in die Tiefe weisenden Pfahlwurzel Fuß in dieser Welt. Erst nach einigen Jahren entwickelt diese nur etwa zehn bis 20 Zentimeter unter der Erde ein enormes Wachstum in die Breite, was dem Baum zusätzlichen Halt und Standfestigkeit gibt. Doch darüber hinaus verleiht ihr das die einzigartige Fähigkeit, sich in Trockenperioden gegen andere Baumarten durchzusetzen. Die stärkere Buche verliert den Kampf auf dieser Ebene regelmäßig, denn die Esche ist in der Lage, ihr das lebensnotwendige Wasser abzugraben: Sie säuft es ihr einfach weg. Ist es ein Wunder, dass sich die beiden nicht mögen?

PERFEKT FÜR ZÄUNE UND WAFFEN

Fraxinus lautet der lateinische Name der Esche, er stammt vom griechischen „phrasso", was so viel wie umzäunen, einhegen bedeutet, und zwar im beschützenden Sinn, weniger im eingrenzenden. Das starke Holz liefert gute Pfähle und feste Latten, um sich vor Feinden und Eindringlingen von außen zu schützen. Weite Teile der römischen Palisaden des Limes sind aus dem festen Holz der Esche gebaut. Esche (althochdeutsch: „ask", „asch") ist eine Bezeichnung, die im Altnordischen und Angelsächsischen nicht nur den Baum, sondern auch den aus seinem Holz gefertigten Speer meint.

Eine überraschende Parallele zur Eibe zeigt sich darin, dass beide Bäume in der Waffentechnik bis weit ins Mittelalter hinein eine große Rolle spielten: die Eibe aufgrund ihrer hohen Elastizität, die Esche wegen ihrer viel gerühmten Bruchsicherheit. So wurden große Bestände in der Nähe großer Wehranlagen und Burgen angepflanzt, um im Kriegsfall genügend Nachschubmaterial für neue Speere, Pfeile und Bögen zur Hand zu haben. Wegen des im Vergleich schnelleren Wuchses war die Esche hier allerdings um Längen voraus.

Auch der Speer des Achilles, mit dem er der Legende nach Hektor, den ältesten Sohn des Königs von Troja, getötet hat, ist von einem Zentauren aus dem Holz einer heiligen Esche gefertigt worden. Wenngleich es wohl das Holz der Manna-Esche war, das Hektors Kehle durchbohrte, denn sie ist in seiner Heimat zu Hause, im östlichen Mittelmeerraum.

Druiden, deren Zauberstäbe wohl so häufig aus dem sagenumwobenen Eschenholz waren wie aus dem der Eberesche, nutzten die Kraft des Holzes für ihren Regenzauber.

Die Fischer dieser Zeit verbauten das Holz in ihren wackeligen Booten, um so von dem mächtigen Baum Schutz vor dem Kentern und Ertrinken zu erhalten. Der Baum des Lichts hat im alten Volksglauben vielfältige Verbindungen zum Wasser. Neueste wissenschaftliche Erkenntnisse überraschen nun mit der Aussage, dass seine in großer Zahl fliegenden Pollen tatsächlich die Wolkenbildung beeinflussen können: Um die winzigen Pollenkörper herum lagert sich Wasserdampf an, es kondensiert, Wolken bilden sich und regnen andernorts wieder ab – wussten die alten Regenmacher mit ihren Zaubern mehr als wir?

Interessant ist auch die Legende, dass man sich lästiger Vampire am besten mittels eines Holzpflockes entledigt, kraftvoll in das Herz des schlafenden Blutsaugers gerammt, möglichst am helllichten Tag – und immer geschnitzt aus dem Holz der Esche. Wenn uns jedoch die Liebe wie ein Sonnenstrahl mitten ins Herz trifft, so hat auch das einen ähnlichen Grund: Auch der Pfeil Amors ist aus einem Eschenzweig gemacht!

DIE ESCHE ALS WELTENBAUM: YGGDRASIL

Welcher Baum kann schon von sich behaupten, derjenige zu sein, an dem Odin höchstpersönlich sein Pferd am liebsten festbindet? Yggdrasil, der Weltenbaum, die Weltenesche, spielt in den nordischen Mythologien eine wesentliche Rolle und wurde in der Edda, dem altisländischen Werk über Götter- und Heldensagen aus dem 13. Jahrhundert, eingehend beschrieben. Sie ist der „größte und beste aller Bäume", der gewaltigste und allumfassende.

Der Weltenbaum ist Sinnbild der Schöpfung und verbindet alles miteinander, hält die verschiedenen Weltenebenen zusammen: die Überwelt, das Reich der Götter, die Erde und die Unterwelt. Am Fuße der Weltenesche entspringt die Quelle des Schicksals, dort weben drei „Nornen", Schicksalsgöttinnen und

Hüterinnen der Gesetze und alten Bräuche, am Werden der Welt: „Verdandi" wirkt das Werdende, „Urd" das Schicksal des Menschen und „Skuld", die Schuld, beschreibt die Dinge, die Wirklichkeit werden wollen, die Welt der Möglichkeiten. Die nordische Mythologie spricht sogar davon, dass die Menschheit von den Bäumen abstammt, von „Ask" und „Embla": der Mann von der Esche, die Frau von der Ulme.

Der germanische Göttervater Odin hängte sich kopfüber in die Esche, um Weisheit und Erkenntnis zu erlangen. Er brachte sich selbst als Opfer dar und vollendete seine Tat, indem er sich einen Speer in die Seite rammte – aus Eschenholz. Als Odin nach neun Tagen vom Baum hinunterfiel, fand er in dessen Wurzelwerk die Runen, mithin Weisheit, Wissen und Einsicht in die Dinge der Welt.

ESCHENTRIEBSTERBEN

Eine gesunde Esche kann 250 bis 300 Jahre alt werden. Doch dies wird immer seltener! Ein Pilz, das Falsche Weiße Stengelbecherchen, das mit einem so harmlosen, herzigen Namen daherkommt, droht diesem wehrhaften, wunderbaren, höchsten Laubbaum Europas das Ende zu bereiten. Nach heutigem Kenntnisstand ist die Wahrscheinlichkeit, dass die Esche in hoher Zahl in Europa überlebt, tatsächlich eher gering. Bis auf wenige Exemplare könnte sie bereits in wenigen Jahrzehnten weitgehend aus unseren Wäldern verschwunden sein.

Ähnlich wie bei der Erle macht sich auch hier eine Pilzart daran, eine Baumart auszulöschen. Das Falsche Weiße Stengelbecherchen lebt auf den nährstoffreichen, abgeworfenen Blättern der Esche und bewirkt dort ihre Zersetzung. Warum heute eine Nebenfruchtform dieses Pilzes, *Chalara Fraxinea*, in den Baum eindringt, seine Nährstoffversorgung zerstört und junge Triebe schnell absterben lässt, ist bislang unbekannt. Vermutungen gehen jedoch dahin, dass die Erderwärmung auch dabei eine tragende Rolle spielt. Die von dieser unheilbaren Krankheit befallenen Eschenbestände werden weiträumig gefällt und entsorgt.

Das ist ein unwürdiges Ende dieser Baumart, die über Jahrtausende hinweg den Menschen eng begleitete, so vielschichtig mit uns verbunden ist und uns sogar zum Sinnbild für Götterwelt, Sein und Universum wurde. Das Verschwinden der Esche wird zu einigen kaum vorhersehbaren Problemen führen.

Abschwemmungen und Unterspülungen an Flussufern und Auen werden die Folge sein, wenn ihr Wurzelwerk sie nicht mehr festigt.

Auch den verschiedenen Vogelarten, den Schmetterlingen und Insekten, denen sie einen wichtigen Lebensraum bietet, wird sie fehlen. Sie ist die unverzichtbare Nahrungsgrundlage für Eschenprachtkäfer und die Raupen des Blauen Ordensbandes, und selbst Wildtiere ernähren sich im tiefen Winter von Zweigen und Knospen junger Eschen. Und wenn sie ihre wichtige Rolle für den Obstanbau nicht mehr erfüllt und sich Meisen, Sperlinge, Finken und Dompfaffen wieder an unseren Apfel- und Birnbäumen gütlich tun und die Ernten ruinieren: Werden wir dies dann mit noch mehr Pflanzenschutzmitteln und Giften zu lösen versuchen?

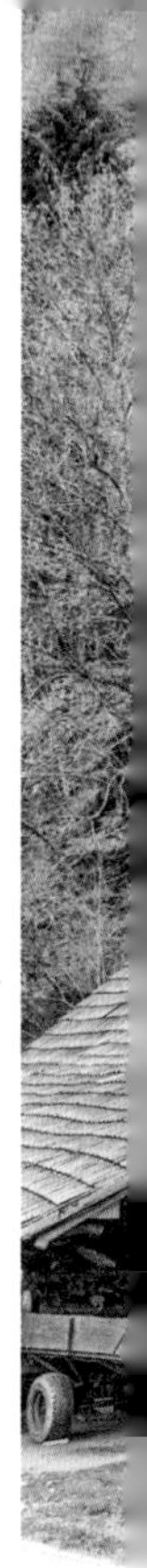

KULTURGESCHICHTE UND MEDIZINISCHE BEDEUTUNG

Die antiken Ärzte beschreiben die Heilkraft der Esche und sie wurde gerühmt ob der Heilmittel, die man aus ihr gewann. Im „Corpus Hippocraticum" des Hippokrates von Kos (460 – 377 v. Chr.), auf den der „Hippokratische Eid" zurückgeht, finden sich Hinweise auf die Verwendung der Esche in der Heilkunde, ebenso in der Schrift „De Materia Medica" des griechischen Arztes Dioskurides (40 – 60 n. Chr.). Hier ist wohl die Manna-Esche (*Fraxinus Ornus*) gemeint. Die Esche in ihren Erscheinungsformen hat jedoch immer eine wichtige Rolle in der Medizingeschichte und der Volksmedizin gespielt, denn aus dem Saft ihrer Blätter, aus ihren Samen und dem Holz wurden heilsame Inhaltsstoffe gewonnen. Sie fanden zur Blutstillung, als „Wundholz", das man auf die offene Wunde presste, bei Entzündungen und sogar als Antiserum bei Schlangenbissen Anwendung. Rinde und Blätter wurden traditionell bei rheumatischen Erkrankungen eingesetzt.

DIE HEUTIGE NUTZUNG DER ESCHE

Nach Buche und Eiche zählt die Esche noch heute zu den wichtigsten heimischen Laubhölzern. Das ringporige Holz der Gewöhnlichen Esche ist sehr robust, gut spaltbar, elastisch, zugfest, bruchsicher und lässt sich besonders faserfrei biegen, drechseln, nageln, sägen, schleifen, schrauben und verleimen. Aus

Im Schwarzwald und im Appenzell sind Eschen beliebte Hausbäume der Bauernhöfe. Das Laub wurde sorgsam für das Vieh gesammelt.

diesen Gründen wird das Eschenholz gerne zur Herstellung von Sportgeräten wie Baseball- und Eishockeyschlägern, Paddeln, Pinnen und Rudern für Kanus oder Ruderboote sowie zum Bau von Holzschlitten eingesetzt.

Das Eschenholz kann durch Dämpfen in fast jede beliebige Form gebracht werden und wird auch für tägliche Gebrauchsgegenstände wie Möbel, Parkettböden, Holzkisten, Leitern oder Paletten, Werkzeuggriffe und -stiele verwendet. Es diente früher gar zum Bau von Autos, Flugzeugteilen, Skiern, Waggons und vielem mehr. Und auch wenn man heute keine nennenswerte Wehrtechnik aus Holz mehr fertigt, so stellt man doch immer noch Gewehrschäfte aus der Esche her.

SPEIERLING

Sorbus domestica

Wenn der sanfte Frühlingswind um den nährenden Baum schweift und seinen feinherben Duft in die Welt trägt, dann ist der blühende Speierling nicht nur für Bienen, Schmetterlinge und Schwebfliegen ein überschäumendes Füllhorn. In seiner Nähe stellt sich auch für den einfühlsamen Menschen sanfte Ruhe und tiefes Wohlbefinden ein. Ein Gefühl unerschütterlichen Vertrauens in die Schöpfung scheint sachte auf: Urvertrauen.

Aus der Ferne hat der ausgewachsene Speierling fast die nach dem Himmel tastende Gestalt der Esche, und die ähnlich gefiederten Blätter verstärken diesen Eindruck malerisch, wenn sie mit dem Sonnenlicht eines strahlenden Sommertages spielen.

Aus der Nähe betrachtet fallen freilich schnell die prägnanten Unterschiede ins Auge. Die Borke ist so rau und zerfurcht wie die einer jungen Eiche, die Blüten haben das makellose Schneeweiß der Kirschblüte, stehen aber in Rispen am Ast wie beim Holunder. Und zu guter Letzt sehen die Früchte aus wie viel zu klein geratene Birnen, teilweise auch wie Mini-Äpfel, die auf der Sonnenseite in saftigem Rot leuchten und zum Hineinbeißen verführen – was man arg bereuen wird, denn sie sind extrem zusammenziehend und sauer. Und schnell wird man auf eine ganz falsche Spur gelockt, was wohl die Bedeutung des Namens Speierling angeht.

Wenn er sich auf Feld und Wiese frei ausbreiten kann, hat er einen kurzen, aber starken Hauptstamm, der sich bald in viele, nach oben strebende Äste teilt. Die anfangs pyramidale Krone zieht sich bei älteren Bäumen sehr in die Breite und kann eine beeindruckende Ausdehnung entwickeln. Der Speierling wird zehn bis 20, in Ausnahmefällen sogar knapp 30 Meter hoch. Er kann bis zu 400 Jahre alt werden.

Auffälliger Fruchtstand, begleitet von gefiederten Blättern: der unverwechselbare Speierling.

Als Cousin der Eberesche zeichnet sich der Speierling ebenfalls durch ein gefiedertes Blattkleid aus. Die Fiederblätter des sommergrünen Laubbaumes werden über 20 Zentimeter lang und sind unpaarig gefiedert. Ein einzelnes, längeres Blättchen bildet also den Abschluss am Ende der Fieder. Die bis zu fünf Zentimeter langen Einzelblätter sind länglicher als die der Esche und an der Spitze gesägt. Der Laubaustrieb geschieht recht früh im Jahr, bei jungen Bäumen noch eher als bei alten – ein Phänomen, das man auch bei der Buche beobachten kann.

ERST ÜBERREIF GENIESSBAR

Der Speierling ist einhäusig und hat zwittrige Blütenstände. Im Mai beginnt die Blütezeit, und den gefiederten Zweigen entspringen Tausende weiße Blüten, die sich zu halbkugeligen Doldenrispen von bis zu 70 Stück zusammenfinden.

Geborgen von den fünf Kronblättern der etwa 15 Millimeter durchmessenden Einzelblüte, recken sich viele durcheinander stehende Staubblätter weit nach oben, den hungrigen Insekten verlockend entgegen.

Über den Sommer hinweg entwickeln sich bis September, Oktober die Früchte, die erst im überreifen Zustand für uns genießbar werden. Werden sie nicht geerntet oder von Vögeln gepickt, so färben sie sich fast schokoladenbraun und fallen ab. Sie sind aufgrund ihrer bis dahin entwickelten Süße eine beliebte Nahrung von Waldtieren, welche die darin enthaltenen Samen weitertragen und so der Fortpflanzung des Baumes dienen. Da die keimenden Sämlinge sehr lichtbedürftig sind, äußerst langsam wachsen und auch noch bei grasenden Wildtieren ganz oben auf dem Speisezettel stehen, ist diese Art der Verbreitung, die „generative Vermehrung", zum Scheitern verurteilt – es sei denn, der wehrlose Sämling wird besonders geschützt und für die ausreichende Lichtzufuhr immer wieder freigeschnitten. So pflanzt sich der wild lebende Speierling fast ausschließlich durch die „vegetative Vermehrung", die „Wurzelbrut", fort: Es werden neue Pflanzentriebe aus den oberflächennahen Wurzeln gebildet, aus denen neue Bäume entstehen.

NUR MIT GLÜCK ANZUTREFFEN

Der Speierling ist der größte heimische Vertreter seiner Familie, der Rosengewächse (*Rosaceae*), die sehr artenreich und vielschichtig ist. Dazu gehören auch die bedeutendsten Arten der Obstbäume. Tatsächlich gibt es allein in seiner Gattung *Sorbus* weltweit etwa 100 verschiedene Arten. Wenn man das Glück hat, ihn im offenen Wald zu finden, so immer nur in sommerwarmen Traubeneichen-Mischwäldern mit nährstoffreichen Ton- oder Lehmböden. Mehrere Wurzelstränge bilden ein besonderes, sehr starkes und tief reichendes Herzwurzelsystem, das ihm auch in diesen schwer zu durchdringenden Böden guten Stand gewährleistet. Von Natur aus kommt er im Osten Spaniens, in weiten Teilen Frankreichs, im Mittelmeerraum und darüber hinaus vor.

All dies macht ihn heute zu einem so seltenen Baum, dass er im Winter selbst von Fachleuten kaum mehr erkannt wird, oft versehentlich für eine Eiche gehalten und gefällt wird – obwohl er die menschliche Kulturgeschichte seit über 2300 Jahren eng begleitet.

In seltenen naturnahen Kulturlandschaften (wie hier in Niederösterreich) werden Speierling, Wildbirne und Elsbeere erhalten und gepflegt: eine Wertschätzung bäuerlicher Traditionen.

Lange habe ich ihn gesucht, im Wienerwald: Dieser über 200-jährige Speierling lebt auf einer Waldlichtung neben einem verfallenen Bauernhof, als Zeuge einer längst vergangenen Zeit.

DER SCHMUCK MITTELALTERLICHER KLOSTERGÄRTEN

Der Speierling blühte schon in den kultivierten und mit Bedacht angelegten Gärten der Griechen. Erste Erwähnung fand er bereits bei einem Schüler und Nachfolger des Aristoteles, dem griechischen Gelehrten Theophrastus von Eresos (371–285 v. Chr.). Dieser Vorreiter der Forstwissenschaften beschrieb in seiner „Naturgeschichte der Gewächse" den Speierling sehr umfassend, bild- und kenntnisreich. Jahrhunderte später wurde der Speierling von Mönchen im Klostergarten der bedeutenden Fürstabtei St. Gallen gezogen, wahrscheinlich bereiteten sie von hier aus seinen Einzug nach Mitteleuropa vor. In der „Capitulare de villis", einer vermutlich im Jahre 812 verfassten Verordnung, welche Pflanzen auf den Landgütern Karls des Großen kultiviert werden sollten, findet sich neben 73 Nutzpflanzen und Kräutern der Speierling als einer von 16 Bäumen (bezeichnet als „Sorbarios"). Natürlich haben sich die mittelalterlichen Klostergärtner von nun an bei der Anlage ihrer Gärten davon inspirieren lassen, und der Speierling gewann aufgrund seiner Früchte, seines Holzes und der medizinischen Anwendungen große Bedeutung.

Im ausgehenden Mittelalter allerdings geriet er nördlich der Alpen immer tiefer in Vergessenheit. Beinahe wäre er hierzulande ausgestorben, wäre er nicht im Jahre 1993 zum „Baum des Jahres" gewählt worden. Nachdem der natürliche Bestand auf nur mehr einige Tausend gesunken war, entwickelte sich durch diese Wahl geradezu ein Speierlings-Boom. Neu entwickelte Verfahren zur Anzucht machten es möglich, dass binnen kurzer Zeit über 600 000 neue Exemplare ausgebracht wurden. Das Überleben der Art scheint gesichert, freilich nur in den großen Obstplantagen, nicht wild, es ist der domestizierte, also der gezähmte

Sorbus. Hier wird er vor allem für die Verwendung im Frankfurter „Äppelwoi" (Apfelwein) kultiviert. Und so ist es heute ein äußerst seltener Glücksfall, einen ausgewilderten Speierling in freier Natur anzutreffen. Im Rahmen eines mehrjährigen Projektes zur Erfassung seltener Baumarten wurden bis 2013 gerade einmal 2500 wild lebende Bäume in Deutschland erfasst, der Großteil im Südwesten. Im Norden der Schweiz gibt es vereinzelte Bestände, in den Wäldern des Kantons Schaffhausen steht er unter strengem Schutz. Für Österreich sind einige Hundert Bäume nachgewiesen, hier wurde er 2008 zum „Baum des Jahres". Er liebt aber das wärmere Klima des Mittelmeerraumes, dort ist er heimisch.

DAS WERTVOLLE HOLZ DES „SCHWEIZER BIRNBAUMS"

Das Holz dieses wunderbaren Baumes gehört zu den härtesten und schwersten aller mitteleuropäischen Laubgehölze. Im Instrumentenbau fand es früher Anwendung zur Herstellung von Orgelpfeifen und Schalmeien. Letzteres ist ein Holzblasinstrument von glasklarem Klang, das von Kreuzrittern aus dem Orient mitgebracht wurde und aus dem sich später die Oboe entwickelte. Heute noch ist das Holz im Gitarrenbau für Konzert- und Flamencogitarren sehr gefragt.

Speierlingsholz ist aufgrund seiner erlesenen Schönheit und natürlich seiner Seltenheit eine der teuersten Furnierholzarten Europas. Es wird zusammen mit dem Holz von Elsbeere und Wildbirne unter dem Sammelbegriff „Schweizer Birnbaum" gehandelt. Und weil es so teuer ist, hier eine persönliche Bitte: Wenn Sie tatsächlich im Wald einen wild lebenden Speierling finden – erzählen Sie niemandem davon, sondern genießen Sie die Entdeckung still. Sie brächten den Baum sonst in höchste Gefahr, denn der wirtschaftliche Druck auf die Forstbetriebe ist immens.

HELFER BEI MAGEN-DARM-ERKRANKUNGEN

Der Speierling wird noch heute Sperberbaum genannt. Seine Früchte hießen früher auch Sperbirnen oder Sperbeeren. Die Vorsilbe „Sper" oder „Spär" bedeutet in den Dialekten des mittelalterlichen Oberdeutschen „herb". Wie wir gesehen haben, liegt die Vermutung zwar nahe, dass der Name „Speierling" daher kommt, dass man ihn aufgrund seines extrem herben Geschmacks unverzüglich wieder ausspeit, das ist aber falsch. Auf die richtige Fährte führt der über Jahrhunderte währende Gebrauch der Frucht in der Volksmedizin: Der hohe Gehalt an Gerbstoffen sorgt nicht nur für das zusammenziehende („adstringierende") Mundgefühl, sondern hilft bei Magen-Darm-Erkrankungen wie Ruhr und Durchfall, die einen speien lassen. In damaliger Zeit konnten dies lebensbedrohliche Leiden sein.

ÜBERREIF SEHR AROMATISCH

Für unseren Gaumen sind die kleinen, birnenähnlichen Fruchtkörper erst dann genießbar, wenn sie bronzefarben, eher unansehnlich braun geworden sind, überreif und weich. Im Hessischen wird die Frucht daher liebevoll „kleiner Drecksack" genannt. Wie in früheren Zeiten weitverbreitet, werden die Früchte im Frankfurter Raum heute noch dem „Äppelwoi" zugesetzt, mit einem geringen Anteil von etwa einem Prozent. Dafür werden sie im frühen, herb-sauren Zustand geerntet. Der Speierling macht den Geschmack tiefer und erhöht die Haltbarkeit des Getränks, daher hat sich in der Region eine Tradition des Anbaus entwickeln können. Neben der Aufwertung des hessischen Nationalgetränks wird aus dem Speierling auch gerne ein sehr hochwertiger Brand hergestellt. Weitere Rezepte sind überliefert und noch heute in Gebrauch – so werden Speierlingsbrot, Speierlings-Fruchtkäse, Fruchtaufstriche und Marmeladen bei hessischen Apfelweinfesten kredenzt.

Der von dem griechischen Gelehrten Theophrastus eingeführte botanische Name *Sorbus* leitet sich vermutlich vom Verb „sorbere" ab, im Sinne von „schlürfen". Vom Wortklang und Genuss her ist das französische „Sorbet" sicherlich geläufiger. *Domestica* ist „die Gezähmte", die Frucht, die bei ihrem appetitlichsten Aussehen so wild und ungenießbar ist – im abgefallenen, überreifen Zustand aber gezähmt und wohlschmeckend.

***Sorbus domestica:* Dabei denke ich an einen sonnendurchfluteten Garten, an den erfrischend aromatischen Gaumenkitzel einer vollreifen Frucht – und an einen vollbärtigen griechischen Philosophen, der mit feinsinnigem Hochgenuss hineinbeißt.**

EBERESCHE, VOGELBEERE

Sorbus aucuparia

Selten bleibt der Blick im Frühjahr an der Eberesche hängen, man nimmt sie kaum wahr und sie scheint sich nahtlos in den Hintergrund und ihre direkte Umgebung einzufügen, fast wie ein Busch, nicht so hoch, nicht so groß. Unauffällig schmiegt sie sich an lichte Waldränder, zieht sich zurück in kahles Gebüsch oder wird vom Menschen zu einem Dasein als Alleebaum gezwungen, wo sie sich seiner Blicke nicht erwehren kann. Die Eberesche lenkt die Aufmerksamkeit nicht auf sich, auch wenn sie zu den Bäumen gehört, die recht früh im Jahr ihre Blätter austreiben. Leicht verwechselt man sie aufgrund ihres Blattgefieders mit einer jungen Esche.

Und doch will der Eberesche das spektakuläre Spiel mit dem Licht nicht gelingen, das die Esche mit ihren Blättern inszeniert. Erst wenn sie ihre einzigartigen Blüten und Früchte zeigt, lodert ihre Schönheit unwillkürlich auf und offenbart ihr wahres Gesicht. Aber auch ihre Blattfieder ist sehr ansehnlich, sie kann bis zu 20 Zentimeter lang und etwa zehn Zentimeter breit werden. Sie setzt sich gewöhnlich aus neun bis 17 einzelnen Blättchen zusammen, die jeweils eine Länge von bis zu sechs Zentimetern erreichen können und etwa zwei Zentimeter breit sind. Sie laufen sehr spitz aus, sind elliptisch geformt und am Rand sehr unregelmäßig, scharf gezahnt. An der Oberseite sind sie saftig grün, unten jedoch eher von einem stumpfen Graugrün, was durch die leichte Behaarung verstärkt wird.

Die Eberesche gehört zur großen Familie der Rosengewächse, in der sich alle bedeutenden Obstbäume wiederfinden. Sie ist fast in ganz Europa verbreitet, kommt ostwärts bis in den Westen Sibiriens, südlich bis Nordspanien, Korsika und Sizilien vor. Ihr Verbreitungsschwerpunkt in Mitteleuropa liegt im Alpenvorland und in den Alpen, wo sie auf bis zu 2400 Meter Höhe klettern kann.

Die Blüten mit ihrem strahlenden Weiß machen die eher unscheinbare Eberesche zu einer markanten Erscheinung.

VON DER UNAUFFÄLLIGKEIT ZUR BLÜTENPRACHT

Erst im April, Mai, wenn sich die ersten noch geschlossenen, kugelrunden Blüten zu Hunderten zeigen, beginnt man zu ahnen, dass viel mehr in dem bescheidenen Vogelbeerbaum steckt. An großen, filzig behaarten Rispen finden sich 200 bis 300 der zartweißen Blütenperlen, die bald darauf aufgehen und ihr zauberhaftes Innenleben offenbaren. Die Verwandtschaft zu anderen *Sorbus*-Arten wie dem Speierling oder der Elsbeere wird hier sehr deutlich. Doch die Blütenpracht der Eberesche scheint von einem noch reineren, blendenden Weiß zu sein als die ihrer Geschwister. Bereits im jungen Alter von etwa fünf Jahren erreicht sie ihre Blütefähigkeit. Jede der zwittrigen Blüten enthält mit den Fruchtblättern die weiblichen Teile und mit den Staubblättern die männlichen.

Um eine Selbstbestäubung zu verhindern, werden die Pollenkörner der männlichen Staubblätter zuerst befruchtungsfähig, bevor kurz darauf die weiblichen Fruchtblätter reifen. So ist die Wahrscheinlichkeit hoch, dass die zu einem großen „Stempel“ zusammengewachsenen Fruchtblätter von Pollenkörnern anderer Ebereschen bestäubt werden. Diese werden von hungrigen Insekten oder dem Wind eingebracht. Der Stempel ragt zwischen den männlichen Staubblättern der Blüte hervor und birgt in seinem Inneren: die Samenanlage. Landen Pollenkörner nun auf den „Narben“, ihrem Landeplatz an der Spitze des Stempels, so keimen sie aus und dringen mit dem sogenannten „Pollenschlauch“ in das Innere der Samenanlage bis zur dort befindlichen Eizelle vor und bringen so die „Spermakerne“ ein.

Mit der Verschmelzung eines Spermakernes und der Eizelle vollzieht sich die Befruchtung: Ein keimfähiges Samenkorn entsteht, ausgestattet mit dem Erbgut des Mutter- und des Vaterbaumes. Es ist kein kleineres Wunder als die Entstehung menschlichen Lebens und es geschieht immer wieder, milliardenfach. Eine Einzelblüte misst nicht mehr als einen Zentimeter und besteht aus jeweils fünf Kron- und Kelchblättern. Aus ihrem Schutz lugen in wirrer Unordnung bis zu 20 Staubblätter wie etwas zu lang geratene Stängel hinaus. In ihrer Mitte ragt der Stempel hervor, an dessen Spitze die Narben sitzen, wo die Pollenkörner andocken können.

EINE ZARTE GESTALT

Die Eberesche kann ein Alter von bis zu 120 Jahren und eine Wuchshöhe von etwa 15 Metern erreichen – einzeln stehende Exemplare, deren großes Lichtbedürfnis befriedigt wird, kommen jedoch auch auf 20 Meter und mehr. Die ersten 20 Jahre ihres Lebens wächst sie recht schnell, um ihr Überleben zu sichern, danach kommt sie aber schnell ins Stocken. Ihre zierliche Gestalt verliert sie nie, die beweglich aufgebaute Krone wird in vielen Gärten gerne rund beschnitten, ist natürlicherweise jedoch oval, locker und licht. Sie versteckt ihren schlanken Stamm nicht, von dem die Äste schräg nach oben abstehen. Die helle, glatte Borke des jungen Baumes ist von einem zarten Grün, das mit zunehmendem Alter in ein mattes Grau verblasst. Die Rinde ist übersät von „Lentizellen“, die als kleine Risse sichtbar sind. Sie stellt damit neben den Blättern den Gasaustausch des Baumes sicher (siehe Hasel, Seite 18).

Die zierliche und zerbrechliche Erscheinung der Eberesche hat dank eines überraschend tief greifenden Senkerwurzelsystems einen sehr festen Stand. Über Stockausschläge und Wurzelbrut kann sie sich auch vegetativ vermehren.

Der steinharte Standort (am Hochgrat bei Oberstaufen) zwang diese Eberesche, ihre Wurzeln entlang eines Felsens in den Boden zu treiben.

KORALLENROTE BEEREN

Spätestens im Hochsommer, Ende Juli bis August, fällt der sonst unscheinbare, fast schmächtig erscheinende Baum durch seine farbenfrohen Früchte sofort ins Auge. Aus all den befruchteten Blüten in den Schirmrispen haben sich nun Tausende kleine, korallenrot leuchtende Beeren entwickelt. Das Gewicht der bis zu einen Zentimeter messenden Beeren zieht die ganze Rispe merklich nach unten. Die ganze Farbenpracht, die die Schwester der Eberesche, „die schöne Else“ (siehe Elsbeere, Seite 175), im Herbst in ihren Blättern entfacht, steckt die Eberesche im Sommer in ihre Früchte: die Vogelbeeren.

Sie sehen aus wie viel zu klein geratene Orangen, bergen drei Samenkerne in sich und werden biologisch den Apfelfrüchten zugeordnet. Die wichtige Futterquelle ernährt über 60 Vogel- und bis zu 20 Säugetierarten wie Fuchs und Dachs. In ihrem Bauch überleben die Samenkerne, verlieren ihre keimverzögernde Oberschicht und gehen nach dem Ausscheiden mit viel Glück an einem anderen Ort auf, wo sie zu einem neuen Baum heranwachsen. Die Eberesche stellt sich als Nahrungsspeicher über die kargen Wintermonate zur Verfügung, denn die wertvolle Beerenfracht hängt oft noch bis ins folgende Jahr an den Zweigen.

Dies lässt unwillkürlich an einen völlig anderen Baum denken: die Eibe, die das mit ihren ebenfalls leuchtend roten „Arillen“ ganz ähnlich handhabt. Und tatsächlich gibt es eine Verbindung der beiden Baumarten, die ansonsten unterschiedlicher nicht sein könnten. Vermutlich geht die Namensgebung auf das von Kelten gesprochene Gallisch zurück, in dem „eburos“ (für die Vorsilbe „Eber“) die Bezeichnung für die Eibe war. Damit wäre im keltischen Sprachraum also von der „Eiben-Esche“ die Rede gewesen. Die Theorie, dass sich das Wort Eberesche aus dem Kunstwort „Aberesche“, im Sinne von „falsche Esche“ (wie in „Aberglaube“) entwickelt hätte, ist etymologisch nicht haltbar.

Trockene Herbstkälte kann das Laubkleid der Eberesche in eine leuchtend orange Farbsinfonie verwandeln.

Über 150 verschiedene Namen kennt der Volksmund für die Eberesche, was auf die große kulturelle Bedeutung des Baumes hinweist; bereits die Germanen pflanzten ihn rund um ihre Kultstätten. Die Zauberstäbe der Druiden sollen aus dem Holz der Eberesche gefertigt worden sein, vielleicht war es die zartgliedrige Eleganz oder die ausnehmende Schönheit des früchtetragenden Baumes, der sie bei ihnen zum Glücksbringer werden ließ. Sie war dem Donnergott Donar geweiht, dessen Lieblingstier, die Ziege, dem Laub der Eberesche besonders zugetan ist. Die jüngere Edda weiß zu berichten, dass die Eberesche bei den Nordgermanen als der heilige Baum des Donar (Thor) galt, dem sie ihre Zweige hinstreckte, als er sich aus einem reißenden Strom retten wollte. Daher hieß der Baum bei ihnen „Thorsbjörg": der Schutz Thors. Zweifellos war es diese Nähe zum blitzewerfenden Donnergott, die der Eberesche den Ruf einbrachte, vor Blitzen, Hexenzauber und Dämonen zu schützen.

FÜR DEN VOGELFANG UND GEGEN MAGENGRIMMEN

Da die Beeren bei vielen Vögeln zur Leibspeise gehören, wurden sie über Jahrhunderte hinweg als lockender Köder zum Vogelfang genutzt, und man erfand raffinierte Fallen.

Die Vogeljagd war für das Landvolk, dem die Jagd auf Großwild untersagt war, eine wichtige Nahrungsergänzung. *Sorbus aucuparia*, der botanische Name, ist ein Hinweis darauf, denn der Artname setzt sich aus „aves" und „capere" zusammen und bedeutet nichts anderes als: Vögel fangen.

In der Volksmedizin fand die Eberesche großen Anklang. Dass Vogelbeeren giftig sind, ist ein weitverbreiteter Irrtum: Übermäßiger Genuss kann wohl zu Magenverstimmung führen, doch der stark bittere Geschmack sollte dies eigentlich sowieso verhindern. Die heilsame Wirkung der zu Marmelade eingekochten oder zu Saft und Gelee verarbeiteten Beeren ist dagegen unumstritten, insbesondere bei Magen- und Verdauungsbeschwerden. Darin gleicht sie wieder ihren Schwestern der Gattung *Sorbus*, die seit der Antike gegen Darmverstimmungen und Ruhr Verwendung fanden (siehe Speierling, Seite 164 und Elsbeere, Seite 184).

Das Holz der Eberesche wurde in früheren Jahren in der Wagnerei genutzt, weil das Holz alter Bäume extrem hart ist, fast mit Eichenholz zu vergleichen. Das Kernholz zeichnet sich durch eine wunderschöne Maserung aus und eignet sich für feine, filigrane Drechselarbeiten im Kunsthandwerk.

ELSBEERE

Sorbus torminalis

Wenn die Tage kürzer werden und im Geruch des späten Windes ahnungsvoll die Kälte der kommenden Nacht anklingt, bekleckert der sterbende Sommer die Wälder mit allen erdenklichen Farben und bäumt sich mit aller Kraft gegen den Winter auf. Das Knirschen der eigenen Schritte, das Laub, das Rascheln unter den Füßen wird eins mit dem Knistern zerbrechender Bucheckern und dem hellen Knacken brechender Lärchenzweige. Letzte Vogelschreie hallen durch die Stille des einschlummernden Waldes und irgendwo fällt eine späte Kastanie in die weiche Erde. Der aufsteigende Atem tanzt in die Luft und der Herbst legt sich jetzt über die Hügel wie die kühlende Hand auf eine heiße Stirn. All diese Eindrücke und Empfindungen fügen sich zusammen zu einem einzigen Bild, einem Gemälde, in dem man sich selbst wiederfindet, auf dem die frischen Ölfarben ineinander verlaufen und nicht recht trocknen wollen. Und plötzlich steht man inmitten dieser unbeschreiblichen Stimmung vor einem Wunder der Schöpfung: Wie eine aufgehende Sonne in einbrechender Nacht glüht die herbstfarbene Elsbeere in ihrer einzigartigen Schönheit. Fast hat man Angst, sie würde in einem Windstoß auflodern und vor den Augen vergehen wie der Atem in der Luft. Wie kein anderer Laubbaum leuchtet sie in ungeahntem Grün-Orange, in den verschiedensten Gelbtönen, in Rostrot und Dunkelbraun und allem zugleich, jedes einzelne Blatt eine züngelnde, verzehrende Flamme. Nur wenigen Menschen mag das Glück eines solchen Moments vergönnt sein, denn die Elsbeere ist ein in unseren Breitengraden sehr selten gewordener Baum. Dennoch gibt es diese Augenblicke, vielleicht am Wegesrand, meist in der Nähe eines Dorfes, doch kaum jemals mitten im Wald.

„Die schöne Else", wie sie auch genannt wird, steht allerdings im Schatten ihrer viel bekannteren Brüder und Schwestern, dem Speierling, der Eberesche (Vogelbeere) und der Mehlbeere. Die Elsbeere ist eine dieser vier Arten der Gattung *Sorbus*, die in Deutschland natürlich vorkommen.

Sie ist das „Aschenputtel unter den Bäumen“, eine verkannte Schönheit, die sich erst zum Ende des alljährlichen Sommermärchens entfaltet.

Auch darin ähnelt sie dem Speierling. Sie entwickelt sich im Wald zu einem schlanken, gerade wachsenden und bis zu 30 Meter hohen Baum mit einer schmalen, nach oben strebenden Krone. Frei stehend dagegen, wo sie sich nicht gegen andere lichtraubende Bäume durchsetzen muss, genügen ihr 15–20 Meter Höhe. Die Krone kann sich gewaltig entfalten: Fast halbkugelförmig steht sie dann über dem Erdboden und hat, aus der Ferne betrachtet, tatsächlich die Form der aufgehenden Sonne am Horizont.

DURCHGEMOGELT

In der Vegetationspause, der blattlosen, grauen Zeit des Winters, kann sie aufgrund ihrer Borke leicht mit einer jungen Eiche verwechselt werden. Aschfahl und in kleine Felder zerrissen, hat ihr diese Ähnlichkeit oft das Leben gerettet – in Zeiten, in denen man reine Eichenwälder als Viehweide nutzte und die dortigen Bäume daher nicht gefällt werden durften. Alles, was keine Eiche war, musste dagegen weichen und wurde rücksichtslos ausgemerzt.

Im Alter von etwa 30 Jahren beginnt die Borke in vielgestaltige Schuppen aufzureißen, der Stamm gewinnt an Individualität und wird dann unverwechselbar. Ihr natürliches Lebensalter beläuft sich auf 200–300 Jahre, nur sehr selten beendet ein starker Sturm es früher. Windwurf kennt sie kaum, denn sie bildet eine tief gehende Pfahlwurzel, zwei Meter und tiefer sind keine Seltenheit. Dazu kommt das horizontale Wachstum, das sogar jenes der Krone meistens übertrifft. Das ist der Grund, weswegen eine Elsbeere im Garten viel Platz benötigt, sie dankt es aber mit ihrer besonderen Standfestigkeit.

EINE MISCHUNG AUS EICHE UND AHORN

Ab Mitte April beginnt der Austrieb der zartgrünen, glattrandigen Blätter, die bis Ende Mai eine Länge von bis zu zehn Zentimetern erreichen. Sie erinnern bei sehr oberflächlichem Blick an die einer Eiche oder noch mehr an die des Ahorns. Sie sind jedoch eiförmig, eingebuchtet und gelappt. Zudem stehen sie

So sieht das Blatt der Elsbeere aus, hier mit den noch unreifen, kleinen, grünlich braunen Beeren.

nicht gegenständig, also jeweils zu zweit direkt gegenüber an den Zweigen wie beim Ahorn, sondern wechselständig, das heißt am Spross verteilt.

Die Elsbeere beginnt unmittelbar zu blühen, wenn die Blätter ausgewachsen sind, von Ende Mai bis Mitte Juni. Wie ein mächtiger, weißer Blütenberg steht die ausgewachsene Elsbeere dann auf dem freien Feld – und man ahnt noch immer nicht, mit welcher wuchtigen Farbenpracht sie Monate später manchen Beobachter überwältigen wird.

Da sie zwittrig, also einhäusig, ist, kommen männliche und weibliche Blüten in einer gemeinsamen Blütendolde vor: wunderschöne Trugdolden mit 30–50 hellweißen, langstieligen Einzelblüten, jede einzelne ein bis zwei Zentimeter breit. Dieser wunderbaren Anmut erliegen auch viele Insekten, Käfer und Bienen, und sie übernehmen an diesem reich gedeckten Tisch nur allzu gerne die Bestäubung.

Nicht selten reagiert die Elsbeere auf Hang-und Windlagen mit einem Drehwuchs des Stammes. Das macht den Baum noch stabiler.

Im späten Juli, bis hin zum September, entwickeln sich Früchte, die nicht von selbst abfallen, sondern sehr lange, teils bis in das nächste Jahr hinein, am Baum bleiben. Die länglichen, bis zu zwei Zentimeter langen Früchte sind anfangs grün, dann von einem rötlichen Gelb und im überreifen Zustand dunkelbraun. Erst jetzt sind sie genießbar, zuvor sind sie so zusammenziehend („adstringierend"), dass sich in der gesamten Mundhöhle ein Taubheitsgefühl entwickeln kann.

FLIEGENDE VERBREITUNG ALS BLINDER PASSAGIER

Für die Verbreitung der „schönen Else" spielen Vögel eine tragende Rolle: Insbesondere Drosselarten fressen die Beeren und scheiden nur den innen liegenden Samen wieder aus. Die Elsbeere hat sich, wie auch manche andere Bäume, auf diese Art der Fortpflanzung eingestellt – sie überzieht die Samen nicht nur mit dem Fruchtfleisch der Beere, sondern mit einer hauchzarten Schicht, welche die Haltbarkeit des Kerns im Freien erhöht und zugleich wachstumshemmend ist. Erst im Verdauungstrakt der Vögel wird diese Schicht abgelöst und daraufhin kann der Samen nach dem Ausscheiden am neuen Standort, an den das Schicksal ihn getragen hat, schnell gedeihen und austreiben.

Wie andere *Sorbus*-Arten auch, kann die Elsbeere allerdings auch ganz andere Wege der Vermehrung gehen: Das Ausschlagvermögen ist sehr groß. Mehr noch als über die Vogelausbreitung erblicken junge Elsbeeren durch Stockausschläge und Wurzelschösslinge des Mutterbaumes das Licht der Welt. In ihrem Schatten genießen sie lange Zeit deren Schutz und Nahrung. In der Jugend kommt die kleine Elsbeere mit vergleichsweise wenig Sonnenlicht aus. Das ändert sich erst später, etwa ab dem dreißigsten Lebensjahr, wenn sie auch groß genug ist, sich gegen andere durchzusetzen.

Seit über 700 Jahren werden in diesem Teil Niederösterreichs Elsbeeren gepflanzt, gepflegt und geerntet. Darüber informiert das „Haus der Elsbeere“ am Michelbacher Elsbeerweg.

AM LIEBSTEN BEI EICHEN

Wie ihre Geschwister aus der *Sorbus*-Familie und viele andere Obstbaumsorten, ist auch die Elsbeere eine Vertreterin der artenreichen Familie der Rosengewächse (*Rosaceae*). In Deutschland ist sie hauptsächlich im Süden, weniger in der Mitte und im Westen zu finden. In einigen Bundesländern gilt sie als gefährdet.

Sie liebt die Gemeinschaft mit Eichen und kommt wild mit wenigen Ausnahmen nur in Eichen- oder in Eichen-Hainbuchen-Wäldern vor. Mit der Höhenluft oberhalb von 700 Metern scheint sie Schwierigkeiten zu haben. Sie bevorzugt trockene Böden, braucht aber generell eine gute Nährstoffversorgung. Diese Bedingungen findet sie besonders in Frankreich, Italien und auf dem gesamten Balkan vor. Nirgendwo bildet sie ganze Wälder, immer kommt sie einzeln oder in Grüppchen vor – eine klare Folge der beiden beschriebenen Ausbreitungsarten über Vögel oder Wurzelschösslinge.

Im Rahmen eines Projektes der Bundesanstalt für Landwirtschaft und Ernährung wurden von 2010 bis 2013 die in Deutschland wild lebenden Elsbeeren erfasst: Es waren gerade mal 80 000. Auch die Tatsache, dass die Elsbeere im Jahre 2011 zum Baum des Jahres gewählt wurde, hatte nicht zur Folge, dass sie in wesentlich größerem Umfang angepflanzt worden wäre.

IN DER ANTIKE OFT ERWÄHNT – DOCH NIE BENANNT

Im Gefolge des Speierlings mit seinen größeren Früchten war die Elsbeere schon den antiken Griechen bekannt. Theophrastus von Eresos, der den Speierling bereits im 3. Jahrhundert v. Chr. sehr präzise beschrieb, nahm wohl auch die Elsbeere in seinem Werk „Naturgeschichte der Gewächse“ auf, ohne sie jedoch zu benennen. Ihren Geschmack und den Saft beschreibt er als mispelartig und warnt vor Verwechslung mit dem Speierling.

In den Jahrhunderten darauf tauchen bei verschiedenen Autoren immer wieder Beschreibungen der Gattung *Sorbus* auf, so bei Cato Censorius, Aulus Cornelius Celsus und Dioskurides. Doch meist bleibt im Unklaren, welche der vier *Sorbus*-Arten genau gemeint ist. Sicherlich ist die Elsbeere mit dem Vorrücken der Römer und der missionierenden Klöster in den germanischen Kulturraum eingeführt worden. Der Abt Walahfrid Strabo erwähnte im 9. Jh. die Gattung

Der langsam wachsende Baum kann – wie dieser hier – ein Alter von über 200 Jahren erreichen und ist im Herbst immer noch übervoll mit Elsbeeren.

Sorbus und ihren medizinischen Nutzen in seinem „Buch über die Kulturen der Gärten", auch als „Hortulus" bekannt. Erstmals taucht 1526 die deutsche Bezeichnung „Elsbeere" in einem Brief Martin Luthers an seinen Freund Agricola auf, als er schrieb: „Ich bitte Dich, daß Du uns noch viel von der kleinen Mispel schickst, auf Deutsch Elsbeer, die meine Käthe mit großer Begierde verschlingt."

Unwahrscheinlich ist, dass Käthe die Früchte wegen des Geschmacks so liebte, wohl eher wegen ihrer Wirksamkeit bei Durchfall und Magen-Darm-Leiden.

DER „ELSEBAUM" GEGEN RUHR UND CHOLERA

Nach dem italienischen Linguisten Vittorio Bertoldi geht der deutsche Name der Elsbeere auf die Erle zurück. Hier zeigt sich eine sprachliche Verwandtschaft zwischen Bäumen, die zunächst nichts miteinander gemeinsam haben. Vermutlich ist diese Verbindung auf ihre farblichen Eigentümlichkeiten zurückzuführen: Färbt sich bei der Erle das Holz nach dem Fällen in ein auffallend rötliches Gelb, so ist es bei der Elsbeere ihr Blätterkleid im Herbst. Für die Erle ist sogar der Name „Elsebaum" überliefert. Das indogermanische „alisā" gilt dabei als Grundform beider Namen und ist teilweise noch heute im Baskischen die Bezeichnung für die Erle.

Der botanische Artname der Elsbeere (*torminalis*) stammt vom lateinischen Begriff für „Bauchschmerzen" und ist ein deutlicher Hinweis auf die Anwendung gegen quälenden Leibschmerz. Zwanzig Jahre nach Luthers Brief beschreibt Hieronymus Bock in seinem „Kreütterbuch" das erste Mal detailliert die stopfende Wirkung der Elsbeere, die deswegen auch den volkstümlichen Namen „Ruhrbaum" als Mittel gegen Ruhr und Cholera erhielt.

SPITZENPREISE VON OBSTBRAND BIS FESTMETER

Im großen Stil bewirtschaftet wird die Elsbeere in Österreich, wo sich über 20 Gemeinden zu einem „ElsbeerReich" zusammengeschlossen haben. Hier feiert man die herbe Frucht als „Königin der Wildfrüchte". Durch das landschaftlich schöne Gebiet mit den Elsbeerbäumen führen Rad- und Wanderwege. Neben der kreativen Herstellung zahlreicher Lebensmittel brennt man einen qualitativ sehr hochwertigen Edelbrand aus der Elsbeere. Mit seinem Marzipan-Aroma ist er seit Jahrhunderten im westlichen Wienerwald als „Odlatzbiarschnaps" bekannt. Regelmäßig werden damit Spitzenpreise von bis zu mehreren Hundert Euro erzielt. Das markante Mandelaroma, durch das sich der Elsbeerschnaps auszeichnet, wird aus den Fruchtkernen herausgelöst. Dem Zerquetschen der Samenkerne kommt eine hohe Bedeutung zu, denn nur so lassen sich die Inhaltsstoffe lösen und Benzaldehyd, Benzylalkohol und ähnliche Stoffe werden freigesetzt. Während des Gärens entstehen zudem Aldehyd und Blausäure – und durch diese Kombination entsteht das Mandelaroma. Seit über 150 Jahren ist das Herstellen der Edelbrände in der österreichischen Region belegt, wahrscheinlich ist es aber viel älter und wurde eher für den privaten Gebrauch betrieben.

Die Ernte ist allerdings sehr arbeits- und zeitintensiv und kann nicht von Maschinen gemacht werden. Die Früchte werden mühselig von zehn bis zwölf Meter hohen Leitern gepflückt. Bis ein gut tragender Baum abgeerntet ist, brauchen vier Männer drei bis vier Tage und in den Bottichen brodeln dann etwa 150–200 Liter Maische: Gerade mal genug, um daraus sechs bis zwölf Liter fünfzigprozentigen Elsbeerschnaps zu brennen. So rechtfertigt sich der hohe Preis für einen der edelsten aller Brände.

Auch das Holz des Baumes gilt heute als eines der begehrtesten und wertvollsten überhaupt. Es erzielt regelmäßig Spitzenpreise auf den Verkaufsbörsen für besonders wertvolles Holz, den Wertholzsubmissionen. Für den Festmeter werden Erlöse im fünfstelligen Bereich erzielt. Das schwere, sehr feinporige Holz zeichnet sich durch seine hohe Dichte aus und ist außergewöhnlich zäh und dauerhaft. In früheren Zeiten diente es unter vielem anderen zur Herstellung von Spinnrädern. Bis heute ist es aus dem Instrumentenbau kaum mehr wegzudenken, beispielsweise für die anspruchsvolle Herstellung von Dudelsackpfeifen. Im Orgelbau wird das Elsbeerholz für kleinere Pfeifen eingesetzt, der Klang gilt als hell und glänzend. In früheren Zeiten fand es Anwendung für Mangelrollen und Mühlwellen, Brillen, Stethoskope und Holzschrauben. Selbst für die Spindeln der Weinpressen war es geeignet und überdauerte Generationen von Winzern. In der Zeit des Hieronymus Bock wurde die Elsbeere aber auch wegen ihrer guten Eignung als Brennholz geschätzt – bei den heutigen Preisen des Holzes schlichtweg unvorstellbar.

FICHTE

Picea abies

Die Architektur, die Form, der ganze Aufbau der Fichte ist einmalig – der außergewöhnlich gerade Wuchs des Stammes und die kegelförmige Erscheinung des Baumes, alles scheint direkt in den Sternenhimmel zu weisen. Es gibt nur wenige Lebewesen innerhalb der Sphäre des Sichtbaren, die über eine so ausgeprägte Symmetrie verfügen wie eine frei stehende, gesunde Fichte. Von oben betrachtet sieht sie aus wie ein kristallenes Meisterwerk der Natur: wie eine Schneeflocke, vielfältig in ihrem immerwährenden Gleichmaß, doch keine gleicht der anderen.

Sie lässt sich kaum berühren, zu unangenehm fühlen sich ihre Nadeln an. Dies lässt sie leicht unzugänglich und verschlossen erscheinen, zu schnell verwechselt man ihre Schönheit, ihren Geist und ihre Form mit abweisendem Stolz. Man sieht nur das Äußere und vergisst, dass es eine Offenbarung ihres Inneren ist. Die Form ist Anzahl, Aufbau und Anordnung der Äste, Zweige und Nadeln. Der Geist aber ist die unerklärliche Größe, die aus all diesem ein Ganzes und in uns eine Resonanz ihrer ebenmäßigen Schönheit schafft.

NATÜRLICHE URSPRÜNGE

Durch die natürlichen Fichtenwälder, die in unserer Region nur in den Alpen und den hohen Mittelgebirgen oberhalb von 650 Metern vorkommen, fließt viel Licht und Luft. Die Bäume stehen weit genug auseinander, sodass das Sonnenlicht mühelos bis zum Boden dringt, und es entwickelt sich eine facettenreiche Pflanzen- und Tiergemeinschaft. Viele Vogelarten finden hier Lebensraum: Schwarzspecht, Hohltaube, sogar kleine Eulenarten wie der Raufuß- und der Sperlingskauz. Auf das bevorzugte Vorkommen von Fichtenwäldern in Höhenlagen wies bereits Plinius im Jahre 77 v. Chr. in seiner „Naturgeschichte" hin: „Die Fichte liebt die Gebirge und die Kälte." Daran hat sich bis heute natürlich nichts geändert.

Auf einem Baumstumpf ist die kleine Fichte gegen hungrige Mäuler und hohe Schneelasten geschützt.

Die Fichte gehört mit der Eibe und anderen Baumarten weltweit zu den erfolgreichsten Spezies überhaupt. Es gibt sie in dieser Form bereits seit 300 Millionen Jahren, und sie ist der bestimmende Baum der borealen Nadelwälder, der größten zusammenhängenden Waldgebiete der Erde. Sie erstrecken sich von der japanischen Halbinsel Hokkaido über die Mongolei, Sibirien und Nordeuropa bis nach Kanada und Alaska. Die borealen Nadelwälder messen etwa 15 Millionen Quadratkilometer – knapp drei Prozent der gesamten Erdoberfläche.

Seit dem Jahr 2008 gilt eine Fichte in Schweden, nahe der norwegischen Grenze, als ältester, einzeln stehender Klonbaum der Welt. Der Baum trägt den Namen des verstorbenen Hundes seines Entdeckers: „Old Tjikko". Er ist sage und schreibe 9550 Jahre alt. Klonbäume bestehen im sichtbaren Teil, dem Stamm und den Zweigen, nicht mehr aus dem Original. Durch das Wurzelschlagen eines Astes oder durch vegetative Vermehrung bildet sich ein „neuer" Baum aus den erhaltenen alten Wurzeln.

KOMMERZIALISIERUNG UND MONOKULTUR

Die artenarmen Fichtenforste (der Fachbegriff für einen wirtschaftlich genutzten Wald ist „Forst"), die nur zur Holzgewinnung angebaut wurden, findet man hierzulande überall. Nur deswegen ist die Fichte der mit großem Abstand häufigste Baum in Deutschland. Fast ein Drittel des gesamten deutschen Waldes besteht aus Fichten, regional sogar weit mehr. Da die Fichte einfach anzubauen und ihr gerade gewachsenes Holz vielseitig verwendbar ist, hat sie sich zum „Brotbaum" der deutschen Forstindustrie entwickelt. Jahrzehntelang wurden die meisten Aufforstungen von industriellem Ausmaß mit der Fichte betrieben. Die so entstandenen „Wälder" sind eher auf Effizienz getrimmte Baumplantagen, in denen die Bäume viel zu eng zusammenstehen und kaum mehr lebensnotwendiges Sonnenlicht durchdringen kann.

Dazu kommt die natürliche Auslese durch Wildtiere: Die meisten anderen Baumarten werden schon als Sämlinge weggebissen und gefressen, doch die Fichte steht nicht auf dem Speisezettel des Rotwilds – sie wird verschmäht und kann sich so ungestört zu einem bis zu 40 Meter hohen Baum entwickeln.

So kam es dazu, dass die Fichte auch weite Gebiete bevölkern konnte, deren Bodenbeschaffenheit und Umweltbedingungen für sie eigentlich eher ungünstig sind. Die heutige Situation verschärft sich noch durch den voranschreitenden Klimawandel: Mit der steigenden Trockenheit und den höheren Temperaturen kommt sie nicht zurecht. Sie ist geschwächt, höchst anfällig für Windwürfe, und Schädlinge wie der Borkenkäfer haben leichtes Spiel, worauf sie äußerst empfindlich reagiert. 1921 zerstörte ein schwerer Sturm nahe Ulm Tausende Fichten. Danach stellten Forstleute ein Denkmal auf mit dem Spruch: „Willst du den Wald bestimmt vernichten, so pflanze nichts als reine Fichten." Die Fichte wird sich nach heutigem Kenntnisstand wohl wieder ganz in ihre angestammten Gebiete zurückziehen.

FICHTE ODER TANNE?

Oft wird sie mit anderen Nadelbäumen verwechselt, besonders die Erscheinung und Gestalt der Tanne kann dazu verleiten. Im Volksmund ist die Bezeichnung „Rottanne" wegen der rotbraunen Borke der Fichte nach wie vor gebräuchlich, obwohl sie offensichtlich falsch ist. Es gibt verschiedene Unterscheidungsmerkmale, wie beispielsweise die hängenden Zapfen, die bei der

Tanne aufrecht stehen. Auch die Nadeln, die bei der Fichte immer rundherum aus den Zweigen hervorstacheln, sind bei der Tanne anders angeordnet, und letztlich schimmert die rissige Borke der harzreichen Fichte in einem rötlichen Braun, nicht in einem Grauweiß wie bei der Tanne.

Auf den außerordentlichen Harzreichtum ist auch ihr biologischer Name zurückzuführen: *Picea abies* bedeutet so viel wie „harzhaltige, stolz gewachsene“. Im Mai beginnt die Blütezeit der Fichte, und die etwa einen Zentimeter langen männlichen Blüten stehen einzeln an den Zweigspitzen. Wie bei allen Nadelbäumen übernimmt der Wind die Bestäubung und trägt die Pollenkörner zu den weiblichen Blütenständen, aus denen sich nach der Befruchtung die samentragenden, hängenden Zapfen bilden. Im Gegensatz zur Tanne wirft die Fichte ihre Zapfen bald danach ab, sodass die auf dem Waldboden gefundenen sogenannten „Tannenzapfen“ meistens gar keine sind – sondern Fichtenzapfen!

ENGSTE BEGLEITERIN DES MENSCHEN

Genauso wie die Birke ist die Fichte eine große „Verkünderin des Lebens“ und wird deshalb ebenso gerne als Maibaum verwendet. Doch anders als der sanfte Laubbaum hält die Fichte seit dem 15. Jahrhundert auch als Weihnachtsbaum in unseren Wohnzimmern Einzug, und sie ist bei fast jedem Richtfest dabei. Dabei wird ein kleiner Baum geschmückt und auf das fertig gezimmerte Dach gesetzt – damit das Haus so stark werden möge wie ein mächtiger Baum.

Im Instrumentenbau hat das langsam gewachsene Holz der Bergfichten eine ganz besondere Bedeutung. Die berühmtesten Geigenbauer der Welt, wie Amati, Stainer, Stradivari oder Guarneri, suchten oft wochenlang nach den richtigen Bäumen, beklopften und belauschten viele Tausend Stämme, bevor sie die eine, die richtige Fichte für die perfekte Geige fanden. Der Bau einer einzigen Geige war fast eine Lebensaufgabe: Neben dem langwierigen Arbeitsprozess musste das Holz des ausgewählten Baumes noch bis zu mehrere Jahrzehnte gelagert und getrocknet werden.

Das Holz zum Bau einer Geige muss in die Schwingungen der Saiten einstimmen können, es muss besonders stabil sein und darf sich bei schwankender Luftfeuchtigkeit nicht verziehen. Vom Schiffsbau bis zum Häuserbau – aus unzähligen Gewerken ist Fichtenholz auch aus diesen Gründen nicht mehr wegzudenken.

Diese etwa 500-jährige „Kandelaberfichte“ am Fuße der Nockberge (Kärnten) musste im Stamm starke Verstrebungen gegen die hohen Windlasten aufbauen.

Der erhöhte Standort zwingt die Fichte, ihre Flachwurzeln in tiefgründige Stelzwurzeln umzuwandeln.

DAS „MONDHOLZ" KOMMT ZURÜCK

Einige Forstwissenschaftler und Vordenker wie der österreichische Unternehmer und ehemalige Förster Erwin Thoma kommen offensichtlich wieder auf die erprobten Methoden erfahrener Waldarbeiter zurück. Es ist mittlerweile gelungen, die Einwirkung des Mondes und des richtigen Zeitpunktes auf den gefällten Baum zumindest teilweise nachzuweisen. Insbesondere bei so häufig verwendetem Holz wie dem der Fichte kommt dem Mondkalender ganz besondere Bedeutung zu. Das „Mondholz" der Alten scheint vor einer Renaissance zu stehen: Holz, das nicht brennt, nicht reißt und nicht fault, ohne mit chemischen Mitteln behandelt worden zu sein – das klingt wie ein Ding der Unmöglichkeit. Und doch werden mittlerweile ganze Hotels in Österreich, im Allgäu und im Süden Bayerns nach dem Mondkalender und den überlieferten Methoden für das Mondholz erfolgreich gebaut, wie beispielsweise das „Hotel Seiser Alm Urthaler" in Südtirol.

1963 erschien in den „Tiroler Heimatblättern" eine alte Aufzeichnung, zu welchem Zeitpunkt welches Holz für welche Verwendung am besten zu schlagen sei („Zeichen zum Holzschlagen und Schwenden"). Hier ist beispielsweise zu lesen: „Holzschlagen, daß es nicht brennt, ist nur ein Tag, der im Monat März, noch besser nach Sonnenuntergang, der 1. März."

Tatsächlich scheinen bestimmte Jahres- und Uhrzeiten beim Fällen für eine schwere Entflammbarkeit des Fichtenholzes zu sorgen. Heutige Untersuchungen geben Hinweise darauf, dass Holz, das am 1. März nach Sonnenuntergang geschlagen wurde, dem Feuer tatsächlich widerstehen kann – sogar unabhängig vom Mondstand und des Zeichens, das der Mond gerade durchwandert. So wurden zu Zeiten unserer Vorfahren über Jahrhunderte hinweg ganze Höfe, Scheuern, Almhütten und Geräte aus diesem Holz gebaut, um die Brennbarkeit herabzusetzen.

Freilich spielt der Mond in der menschlichen Kultur, in Mythos und Religion schon immer eine große Rolle, und die Grenze zwischen wissenschaftlicher Erkenntnis und haltlosem Aberglauben verläuft auch hier fließend.

HAINBUCHE

Carpinus betulus

Sie ist eine der vielen unscheinbaren Bewohnerinnen unserer Wälder und hätte ein bisschen mehr Aufmerksamkeit redlich verdient – sie hat so viele gute Eigenschaften. Sie kann den Weg durch eine offene Waldlandschaft unvermittelt in ein schattiges, smaragdgrün illuminiertes Höhlensystem verwandeln, eng verwachsen und dicht belaubt. Sonnenstrahlen tasten sich hindurch wie durch einen verwinkelten Irrgarten und besprenkeln den Waldboden mit goldfarbenen Lichtklecksen. Auch ein leichter Sommerregen lässt sich darin trocken überdauern, fast ist es wie in einer engen Klamm aus Holz und Laub und Licht. Oft wird ihre entscheidende Rolle als Regenschutz dabei schlichtweg nicht erkannt oder sie wird ganz einfach für eine (Rot-)Buche gehalten.

Die Hainbuche hadert mit dem gleichen Schicksal wie der Buchsbaum, der in seiner verkannten Schönheit so viel für den Menschen tut und doch nur wenig Anerkennung erntet. Wie er wird auch die Hainbuche als blickdichte Hecke genutzt oder in Parks und Grünanlagen als zurechtgestutzter Zierbaum öffentlich zur Schau gestellt. Dabei ist sie eine der wichtigsten Niederwaldgehölze und ihr dienstbarer Geist hatte einst eine sehr große Bedeutung für den Menschen.

NUR SELTEN IM FREISTAND

Im dichten Waldbestand scheinen sich die dicken Wurzelstränge aus der Erde zu stülpen, um ungleichmäßig verwachsen und verflochten wie ein hölzerner Zopf gemeinsam in die Höhe zu streben. Es entwickelt sich das wellenförmige und wulstige Stammholz, das den typischen, vielförmigen, niemals ebenmäßigen Querschnitt entstehen lässt („Spannrückigkeit"). Der zu Beginn gerade nach oben strebende Stamm beugt sich bald in diese, mal in eine andere Richtung, dicke Äste stehen waagrecht ab oder zeigen gar zum Boden.

An Stamm und Wuchsform lässt sich eine dramatische Lebensgeschichte nachlesen.

Ihr Stamm ist zierlich, nur im seltenen Freistand als Solitär entwickelt sie sich zu einem sehr ansehnlichen, stolzen Baum mit einem Durchmesser von über einem Meter. Fast immer gabelt er sich bereits in Brusthöhe, erreicht eine Wuchshöhe von bis zu 25 Metern und bildet eine imposante, kugelige Krone aus. Seine Lebensspanne beträgt dann etwa 150 Jahre. Dies erreichen jedoch die meisten Hainbuchen mitten im Wald bei Weitem nicht. Wird der gesamte Stamm bis kurz über dem Boden zurückgeschnitten („bis auf den Stock"), so zeigt die Hainbuche aber eine beachtliche Fähigkeit zum Stockausschlag. Dabei entwickeln sich vielstämmige, bizarre Gestalten, nicht höher als sieben bis zehn Meter, mit einem unbezwingbaren Glauben an das Leben, der sie immerfort nachwachsen, grünen und gedeihen lässt – jeder Baum auf seine Weise, immer wieder anders. Die Unterschiede zwischen einzelnen Exemplaren sind zuweilen so groß, dass man versucht ist, sie verschiedenen Gattungen zuzuordnen.

MIT DER BUCHE WEDER VERWANDT NOCH BEFREUNDET

Die helle, glatte Rinde ist bei der Buche sehr ähnlich, auch wenn die Hainbuche durch ihre wellenartige Wuchsform einmalige Strukturen auszubilden vermag, die dieser fremd sind. Auch die Blattform und das im Sommer kräftige Grün sind bei flüchtigem Blick ähnlich, weswegen die Hainbuche sehr oft fälschlicherweise für eine junge oder zu klein geratene Buche gehalten wird.

Dabei sind die beiden nicht einmal miteinander verwandt, ja, mehr noch: Tatsächlich mögen sie sich nicht einmal sonderlich und sind stets bemüht, den jeweils anderen möglichst auf Abstand zu halten. Die Hainbuche gehört zur Familie der Birkengewächse und ist mit Birke, Hasel und Erle verwandt. Ihre Blätter lassen sich durch ihren doppelt gezahnten Rand und die stark ausgeprägten Adern von denen der Buche unterscheiden. Sie werden bis zu zehn Zentimeter lang, bis zu vier Zentimeter breit und machen durch die starken

Seitennerven den Eindruck, als hätten sie sich noch nicht vollständig entfaltet. Ihr sattes, beidseitiges Grün wechselt im späten Herbst in ein leuchtendes Sonnengelb. Und doch ist dies keine nur für die Hainbuche typische Blattart, denn einige Bäume weisen ähnliche Formen auf, beispielsweise manche Birken- und Ahornarten. Ja, die Hainbuche selbst variiert die Blattformen, bis hin zur Form eines Eichenblattes bei der Eichenblättrigen Hainbuche (*Carpinus betulus* 'Quercifolia'). Um den Baum sicher zu bestimmen, bedarf es also der ganzen Erscheinung.

DREIFLÜGELIGE SCHRAUBENFLIEGER UND HUNGRIGE MÄGEN

Bereits im Frühjahr werden die „Winterknospen" angelegt, die über das Jahr hinweg reifen, den Winter am Baum verbringen und im nächsten Frühjahr sehr kurz vor dem Blattaustrieb als Kätzchen erblühen. Zuerst zeigen sich die männlichen Kätzchen des einhäusigen, getrenntgeschlechtigen Baumes. Jetzt kann die ganze Krone grüngelb schimmern, der ganze Baum scheint zu vibrieren, die vielen einzelnen männlichen Blüten sind an den bis zu sieben Zentimeter langen Kätzchen gut zu erkennen. Sie geben ihre Pollenlast an den Wind, der sie an den soeben sich entfaltenden Blättern vorbei in die Welt trägt. Die weiblichen Blütenkätzchen erscheinen ebenfalls mit den ersten zarten Blättern, sie sind mit bis zu vier Zentimetern Länge wesentlich kleiner als die männlichen und fallen kaum ins Auge. Nur die recht langen, hervorlugenden, roten Stempel, an denen die Pollenkörner andocken können, verraten ihr Versteck. Erst nach der Befruchtung, wenn die Frucht in ihnen reift und sie alle Kraft nach innen richten, strecken und wandeln sie sich zu ährenähnlichen Formen und erreichen eine Größe von bis zu 15 Zentimetern. Gut sichtbar verstecken sie sich nun nicht länger und sind für eine Vielzahl von Samen ein gutes Heim.

Die kleinen Nüsschen messen einen knappen Zentimeter und sind mit drei Flügeln ausgestattet, die sie über weite Distanzen durch die Luft schrauben lassen („Schraubenflieger"). Bis dahin dauert es allerdings noch eine geraume Zeit, bis weit in die Wintermonate hinein genießen sie noch den Schutz des Mutterbaumes. Dies zieht natürlich viele hungrige Mägen an – einige Vogelarten ernähren sich in der langen Leidenszeit des Winters gut und gerne von den nährstoffreichen Nüsschen.

Die Hainbuchen vom Nachbargrundstück sind rund 30 Meter entfernt, jedes Jahr schweben einige „Propellersamen" zu mir. Inzwischen wächst in meinem Waldgarten ein junger Hainbuchenwald auf – so schön!

Mehrere Spechtarten, die Kohlmeise, der Kleiber und vor allem der scheue Kernbeißer sind oft gesehene Gäste der Hainbuche. Bis zu 260 Samenkörner täglich reichen ihm für eine auskömmliche Ernährung bereits aus.

Trotz dieser Freigiebigkeit zugunsten der Vogelwelt ist es auffällig, wie wenig Fliegen, Insekten und Schmetterlinge sich über das Jahr hinweg von der Hainbuche ernähren: bis zu zehnmal weniger als beispielsweise bei Birke und Weide. Es wird angenommen, dass der vergleichsweise kleine Baum über Abwehrmechanismen verfügt, die andere Bäume so nicht entwickelt haben – vielleicht ähnlich wie beim Walnussbaum, für den ein solcher Schutzmechanismus bereits nachgewiesen ist.

Die bereits im Stamm zu erahnenden Wurzelstränge graben sich bis zu vier Meter tief in weichen, durchlässigen Waldboden und breiten sich auf fast fünf Meter aus. Das ausgeprägte Herzwurzelsystem ist ausgesprochen feinfaserig und geht mit verschiedenen Pilzen eine Symbiose ein. Im dauerhaft nassen Boden besteht allerdings schnell Windwurfgefahr, da die Wurzel hier nicht tiefer als 35 Zentimeter vorzudringen vermag.

WEIT GEWANDERT UND WICHTIG IM NIEDERWALD

Die Hainbuche kommt fast in ganz Europa vor, sie verträgt warme Sommer, aber auch Tiefsttemperaturen von minus 30 Grad Celsius. Als sie während der letzten Eiszeit in Mitteleuropa vor den anrollenden Eismassen flüchten musste, fand sie ihr Refugium wahrscheinlich im Kaukasus. Bei ihrer Rückwanderung traf sie jedoch bereits die (Rot-)Buche in den westlichen Teilen Europas an. Aufgrund ihres kleineren Wuchses hatte sie unter deren dichtem Blätterdach keine Chance, um einzuwandern. Und so blieb sie in Osteuropa und ließ hier wiederum bis etwa zum Jahre 7000 vor unserer Zeitrechnung der Buche keinen Raum. Bis heute sind beide Baumarten Konkurrenten um die für sie besten Böden. Die Hainbuche klettert in den Bergregionen kaum über 800, mal 900 Meter Höhenlage hinaus – Tendenz wegen der Klimaänderung allerdings steigend.

Den besonderen Drang der Hainbuche zum Stockaustrieb hat sich der Mensch jahrhundertelang in der „Niederwaldwirtschaft" zunutze gemacht, die bereits seit der Antike von den Römern bekannt ist. Die heute noch existierenden (Trauben-)Eichen-Hainbuchen-Wälder verdanken ihr Dasein fast ausschließlich dieser Form von Bewirtschaftung. Dabei wurde hauptsächlich Brennholz, in früheren Zeiten aber auch Gerbstoffe für die Gerbereien gewonnen. Alle zehn bis 20 Jahre konnten die Bäume auf den Stock geschnitten, also abgeerntet werden. Indem die bewirtschaftete Fläche schachbrettartig in bis zu 20 gleich große Felder aufgeteilt wurde, die in einem gleichbleibenden Zyklus abwechselnd abgeerntet wurden, lieferte der Niederwald durchgängig den begehrten Rohstoff. Bis nach dem Zweiten Weltkrieg war dies auch hierzulande die gängige Form der Waldbewirtschaftung – die bereits seit dem 9. Jahrhundert nachgewiesen ist. Als „Niederwald" bezeichnet man entsprechend Wälder, die durch Stockausschlag entstanden sind. Besonders Eichen, Linden, Ulmen, Eschen, Ahorn und eben die Hainbuche gehören zum Kreise der Baumarten, die dafür besonders geeignet sind. Die nachhaltige Technik der Niederwaldwirtschaft könnte in Zeiten von Klimawandel und Rohstoffknappheit wieder an Bedeutung gewinnen.

HART WIE EIN AMBOSS: DER EISENBAUM

Das Holz der Hainbuche ist mit dem des Buchsbaumes das härteste überhaupt, weswegen man sie früher auch „Eisenbaum" nannte. Es weist einen enormen Brennwert auf, der sogar den der Buche übertrifft. Aufgrund seiner Härte wurde das Holz früher für die Herstellung von Mühlenrädern genutzt. Viele Schreinerwerkzeuge wurden daraus gemacht, und auch für die Herstellung von Leisten für Schuhe gibt ist es bis zum heutigen Tage kaum ein besseres Material.

Da sich die Hainbuche das Beschneiden gutmütig gefallen lässt, nimmt sie auch dem ungeübten Gärtner nichts übel. Der Fähigkeit, dichte Hecken zu bilden, verdankt sie ihren Namen: Sie hegt ein, sodass ein Hain entsteht. Die Heckenbildung der Hainbuche machten sich bereits die Germanenstämme zunutze und legten aus ineinander gewachsenen Hainbuchen ein undurchdringliches Dickicht an. Es war teils bis zu 100 Meter breit und für anrückende Feinde fast unüberbrückbar – das sogenannte Gebück oder Wehrholz: Die dafür angepflanzten Hainbuchen wurden nach einer bestimmten Zeit in der Krone ausgehauen, neue Triebe wurden gebogen, „gebückt" und miteinander verflochten, sodass sie wieder neue Wurzeln bilden konnten. Auf diese Weise entstand im Laufe von Jahren ein kaum überwindbarer Verteidigungswall, ein Schutzstreifen, in dem so mancher Angriff ins Stolpern geriet.

SCHWARZER HOLUNDER

Sambucus nigra

Er ist keine Pforte zur Anderswelt wie die Eibe, baut keine Gotteshäuser aus Luft und Licht wie der Wacholder, er hat nicht die spitzbübische Leichtigkeit der Hasel – der Holunder ist vielmehr eine sanfte, nie versiegende Quelle der Klarheit. Der Schlaf im Schatten eines Holunders kann so erfrischend sein wie ein plötzlicher Schauer in der Schwüle eines Sommertages. Er klärt verwirrte Gedanken, bündelt sie wieder zu einem klaren, ruhigen Fluss und spült verkrusteten Staub von trüben Vorstellungsbildern. Zurück bleibt eine frische, reine Innenwelt.

Wir bemerken die klärende Nähe des Holunders, seine freundliche Hilfsbereitschaft meist erst dann, wenn wir sie wirklich brauchen. Dann entdecken wir ihn in unseren Gärten, in unseren Hecken, am Rande unserer täglichen Wege. Und plötzlich ist er schön.

DER VERWANDLUNGSKÜNSTLER

Der Holunder kann sich manches Mal nicht so recht entscheiden, ob er Busch oder Baum sein mag. An einen Heuschober gelehnt wird er ohne weiteres bis zu fünf Meter hoch. Im Garten, in einer Hecke, an den Waldrand geschmiegt wiederum wird er mannshoch, als einzeln stehender Schutzbaum eines Hofes kann er sogar bis zu elf Meter hoch werden. Er ist ein Verwandlungskünstler, und im spielerischen Wechsel seiner Erscheinungsformen liegt seine Schönheit verborgen. Die starke Verästelung und seine langen, gebogenen Zweige können ihn zu einem beachtlichen Buschbaum werden lassen, fast so breit wie hoch, als würde er die Backen blähen. Seine korkartige, hellbraune Rinde ist dick und durchzogen von tiefen Schrunden und Furchen, durch die er auch in der Vegetationspause, in der laublosen Winterzeit, gut zu erkennen ist. Seine Gestalt, ein oftmals unübersichtliches Gewirr verästelten Gezweigs, wirkt dann zerbrechlich und fragil, als sei er dem Verfall anheimgestellt, als mache er sich nichts mehr aus seiner einstigen Schönheit. Unvorstellbar, dass diese im nächsten Frühling wiederkehren wird. Der beindicke Stamm und die Äste besitzen ein helles, weiches, styroporartiges Mark, das sich leicht herausdrücken lässt.

Der Holunder ist ein Flachwurzler, breitet sich unterirdisch aber genauso besitzergreifend aus wie oberirdisch – er geht erst in die Breite, bevor er tiefer ins Erdreich vordringt. Etwa im März, April zeigt sich sein gefiedertes Blattwerk, zumeist fünf, zuweilen bis zu sieben einzelne Blättchen bilden gemeinsam ein bis zu etwa 30 Zentimeter langes Fiederblatt. Die Blättchen sind elliptisch, haben einen gesägten Rand, sind an der Unterseite stark geädert und können jeweils bis zu zwölf Zentimeter lang werden.

STINKENDE BLÄTTER UND DUFTENDE BLÜTEN

Ein modriger Geruch steigt auf, wenn man die Blätter mit den Händen zerreibt. Dieser Gestank haftet dem Holunder an, so will es die Legende, nach der sich Judas nach seinem Verrat an Jesus an einem seiner Äste erhängte. Es bleibt die Frage, wie er sich wohl an einem Strauch erhängen konnte, selbst wenn der Strauch von starkem Wuchs ist? Vermutlich ist diese Legende im frühen Mittelalter entstanden, um dem Holunder die Verehrung des einfachen Volks zu nehmen, die ihm von jeher entgegengebracht wurde – und der arme Holunder stinkt bis heute völlig schuldlos.

Landläufig nannte man den Holunder bis ins 18. Jahrhundert hinein auch Flieder, nicht etwa, weil er mit dem uns heute bekannten Flieder verwandt gewesen wäre, erst recht nicht ob seines Geruchs, sondern weil seine Fiederblätter im Wind so schön flattern.

Nach dem kräftezehrenden Laubaustrieb gönnt sich der Holunder eine kurze Verschnaufpause, um dann im Mai, Juni seine ungewöhnliche Blüte zu zeigen, die in ihrer einzigartigen Anmut der Kastanie oder der Robinie in nichts nachsteht und zum Schönsten gehört, was uns die Schöpfung hierzulande schenkt. Wie kleine, fünfstrahlige Sonnen prangen Hunderte winziger, weißer Blüten an bis zu 30 Zentimeter breiten Blütenrispen. An einem ausgewachsenen Holunder findet man wiederum Hunderte von ihnen – wie kleine Sternenhimmel. Anfangs fühlen sie sich fest an, wie Wachs, werden mit zunehmender Reife weicher und sanfter und verbreiten dann unvermittelt den anregenden Duft aufblühenden Lebens!

Die Holunderblüte ist ein zartes Gebilde mit statischer Meisterleistung.

Vielleicht hat sich aus dieser Nähe von Werden und Vergehen die Sage entwickelt, dass in jedem blühenden Himmelszelt des Holunders die Wiege einer Elfe steht?

Aus den rahmweißen Blütensternen entwickeln sich ab August die Früchte: spiegelglatte, schwarzviolette Beeren mit blutrotem Saft, der nur schwer von der Haut und kaum aus weißen Hemden zu waschen ist. Während des Reifeprozesses färbt sich auch der tiefgrüne Stiel der vormaligen Blüte burgunderrot, das Eigengewicht zieht die gesamte Rispe nach unten, und es entsteht ein kühnes Farbspiel in fantastischen Nuancen. Der Durchmesser der schwarzen, glänzenden Beeren beträgt einen halben Zentimeter. In ihrem dunklen Inneren verborgen finden sich drei Samen, die die Beere streng genommen zur Steinfrucht machen. Blau- und Kohlmeise, Kleiber oder Star nisten gerne im Holunder und lieben die reife Frucht, deren drei Samen sie zum Dank verbreiten. Durch diese „Ornithochorie“ genannte Vogelausbreitung ist die Vermeh-

Bei der Reifung durchlaufen die zunächst grünen Holunderbeeren einige Rottöne, bis sie schwarz werden.

rung des Holunders gesichert. Er ist zwittrig und gehört mit seinen etwa zehn Arten zur Familie der Moschuskrautgewächse. Bis zum Jahre 2011 wurde er allerdings noch der Familie der Geißblattgewächse zugerechnet, weswegen bis dahin erschienenen Fachbüchern eine heute falsche Angabe zu entnehmen ist.

WEIT VERBREITET UND IN ALLER MUNDE

Zusammen mit der Hasel ist der Holunder wohl die am häufigsten vorkommende Strauchart Europas. Weit darüber hinaus ist er auch in Nordafrika, Sibirien und in fast ganz Asien heimisch. Er wächst ungefragt in Gärten, macht sich in Wildblumenwiesen breit, schmiegt sich liebevoll an Waldränder, versteckt sich in Hecken und steht an Bachufern Spalier. Hat er einmal Fuß gefasst, ist seine Lebenskraft kaum mehr zu bändigen. Schneidet man ihn bis auf den Stock zurück, wächst er in kurzer Zeit wieder zu einem stattlichen Busch heran und kann bis zu 100 Jahre alt werden. Wie die Hasel und viele andere Straucharten pflanzt er sich jedoch auch vegetativ fort und kann auf diese Weise, zumindest genetisch betrachtet, ewig leben. Auffällig oft sucht er die Nähe zum Menschen. Seine Anspruchslosigkeit und Frosthärte kommen ihm zugute, sodass er in den Alpen bis auf 1600 Meter klettert.

Blüten und Beeren sind nicht nur Augenschmaus, auch geschmacklich sind sie ein Genuss. Das größte Anbaugebiet der Welt befindet sich in Österreich, in der Oststeiermark, wo die Beeren noch von Hand gelesen werden. Wunderbare Säfte, Blütentees und Marmeladen werden hier hergestellt. Wurde Holundersaft früher unwilligen Kindern zur Stärkung der Abwehrkräfte verordnet, veredelt man heute landläufigen Prosecco mit Holunderblütensirup („Hugo") und verleiht ihm so eine erfrischende Note, eine fruchtige Farbe und Aktualität – er ist sozusagen in aller Munde. Bekannt und besonders lecker sind auch die „Hollerküchle" genannten, in Pfannkuchenteig ausgebackenen Blütendolden.

FANTASTISCHES FÄRBEWUNDER

Immer schon nutzte man die Wandelkraft des Holunders zum Färben von Leinen, Tuch und Stoffen, aber auch von Haaren, Leder und Rotwein. Er gilt als das kräftigste Färbemittel der Natur – und fast alle seine Bestandteile wurden und werden dafür verwendet. Heute finden sich viele Hinweise auch für den Hausgebrauch im Internet. Begehrt ist zum einen die Färbekraft der Blätter, die lange ausgekocht werden müssen. Die Zugabe von Essig zum entstandenen Absud führt zum Bleichen der Textilien, Alaunbeize dagegen zur Intensivierung grüner Farbtöne. Die Kraft der reifen schwarzen Holunderbeeren ist natürlich ungleich größer, die Schalen enthalten bis zu 60 Prozent des natürlichen dunkelvioletten Farbstoffes Sambucyanin. Schon die Frauen der wohlhabenden römischen Aristokratie färbten nicht nur Stoffe, sondern auch ihre Haare mit dem samtroten Saft der Beeren, der darüber hinaus antioxidative Eigenschaften besitzt und die Körperzellen vor freien Radikalen schützt. Eine Eigenschaft, die heutigen chemischen Färbemitteln definitiv nicht zu eigen ist. Das macht die Beeren zusätzlich sehr gesund. Allerdings ist vom Verzehr nicht gekochter Beeren abzuraten, da sie im unreifen Zustand noch leicht giftig sind und Übelkeit und Verdauungsstörungen hervorrufen können.

Selbst die Rinde des Holunders wurde als Färbemittel geschätzt – der mit Essig zugesetzte Absud färbt Textilien schwarz.

GÖTTLICHE WASSERZEIGERIN

Sein Name ist ein klarer Hinweis auf seine eigentliche Bedeutung: Hel, Holla, Holda oder Hulda, die vielen Namen der Göttin Holle verbergen sich im Holunder wie die Samen in seinen Beeren. Diese Göttin des Totenreiches ist auch die Herrin der Gewässer, der tiefen Brunnen, Teiche und Seen, sie ist die Gebieterin über Leben und Werden. Tatsächlich ist der Holunder eine typische „Zeigerpflanze" für Wasseradern – oft fließen sie tief unter dem Busch. Der französische Name des Holunders geht dem auf den Grund: „Sureau", also: auf dem Wasser.

Hel ist einer der Namen der großen Göttin, bezeichnet jedoch auch das verborgene Totenreich selbst, das die Verstorbenen aufnimmt. Unser Wort „verhehlen" (verbergen, verschweigen) deutet noch auf diese Verschleierung hin. Hel ist auch die Herrin der Unterwelt, aus ihrem Namen leitet sich das englische „hell" ebenso ab wie „Hölle". Etymologisch ist die Silbe „Hel" aber auch mit den Begriffen „alles", „heilig" und „heil" verwandt.

Ursprünglich war Hel die Muttergöttin, Gebieterin über Fruchtbarkeit und Geburt, Mutter des Lebens und des Todes. Wie in dem bekannten Märchen von Frau Holle angedeutet, spinnt die große Göttin unseren Lebensfaden zu einem groben Tuch, dessen Färbung wir dann mit unseren Wegen selbst bestimmen. Mit unserem Tod wird dieser Faden wieder aufgerollt, bereit, Neues zu wirken – eingespannt in die Spule des großen Spinnrades, das sich ewig dreht. Dies ist wohl der Grund dafür, weswegen der Holunder zu manchen Zeiten nicht nur als Lebens-, sondern auch als Totenbaum gesehen wurde.

Wegen seiner mythischen Bedeutung war es über Jahrhunderte hinweg streng untersagt, einen Holunder zu roden oder auch nur zu beschädigen, denn er war den Menschen heilig. Zusammen mit dem Wacholder ist der Holunder (darum auch Holderbusch genannt?) ein Wesen höchsten spirituellen Ranges, umwoben von den tiefen Geheimnissen des Lebens.

ALTER ZAUBERGLAUBE

Nach alten Sagen waren Holunderbeeren im Alpenraum auch deshalb so wertvoll, weil man nur mit ihrer Hilfe an Farnsamen gelangen konnte. Diese galten als unmöglich zu beschaffen, da man sie für unsichtbar hielt – und sie waren wertvoller als Gold, weil sie nach dem Verzehr selbst unsichtbar machen

Holunder stehen gerne geschützt in Gruppen oder am Waldrand. Dieser Solitär hat sich dennoch zu einem kräftigen Einzelstammbaum entwickelt.

sollten. Um sie zu erlangen, gab es nach einer selten erzählten Sage nur einen Weg: Man musste sich in der Nacht vom 6. Januar in den Wald begeben, einen magischen Kreis zeichnen und sich mit im Jahr zuvor, in der Nacht vom 23. zum 24. Juni (Johanninacht) gesammelten Holunderbeeren in dessen Mitte stellen. Daraufhin erschienen „in ein Abendmahlstuch" gewickelte Farnsamen und gaben dem erfolgreichen Zauberer große Macht.

Da allerdings die Holunderbeeren immer erst im Juli, August reifen, dürfte es kaum jemals gelungen sein, sie bereits in der Johanninacht zu sammeln – damit war schon die Durchführung des Zaubers schlechterdings unmöglich. Und die ganz schlechte Nachricht für die jungen Zauberlehrlinge unter uns: Die heiß ersehnten Farnsamen gibt es nicht einmal, denn Farne verbreiten Sporen und blühen nicht. Kein Wunder also, dass man sie nicht sehen kann.

JEDER TEIL IST KRAFT UND GÜTE

Der Holunder ist eine der vielfältigsten Heilpflanzen überhaupt, was wohl auch seine Verehrung bei den Germanen und den Kelten erklärt. Germanische Stämme bestatteten ihre Toten unter einem Holunder, und Jahrhunderte später vermaßen Bestatter die Toten mit Holunderruten, bevor sie den Sarg zimmerten. Das Holz des Holunders war im Brauchtum eine wirkmächtige Waffe gegen böse Zauber und vertrieb üble Dämonen. Neben der Linde ist der Holunder die einzige Pflanze, von der jeder einzelne Teil zu Heilzwecken genutzt werden kann: „Rinde, Wurzel, Blatt und Blüte – jeder Teil ist Kraft und Güte", brachte es eine Volksweisheit auf den Punkt.

Kein anderer Baum oder Busch war aus der Sicht der alten Volksmedizin so gut dazu geeignet, Krankheiten in sich aufzunehmen. Man übertrug seine Zahnschmerzen auf ihn, indem man mit seinen Spänen das Zahnfleisch blutig stach und bannte bei zunehmendem Mond seine eitrigen Furunkel und entzündeten Abszesse in ihn. Ähnliche „Besegnungen" gegen Gicht, Röteln, Halsweh, ja selbst Epilepsie, sind bekannt. Es gab schlicht kein Leiden, gegen das dieser Strauch nicht gewachsen war. Heute ist die Wirksamkeit vieler Anwendungen längst erwiesen, auch wenn sie längst nicht mehr so martialisch anmuten wie damals und sich hauptsächlich auf die Gabe von Holunderblütentee und die Verordnung von Bädern mit einem Aufguss aus den getrockneten Blüten beschränken. Doch es gibt wohl so viele Rezepte und Anwendungen wie

Blüten am Busch: Der Holunder ist ein Geschenk der Schöpfung für den, der es zu nutzen weiß – damals wie heute. „Der heiße Aufguss der Blüten ist so ungefährlich, dass man ihn unmöglich falsch anwenden kann", resümierte der amerikanische Kräutergelehrte Dr. Edward Shook 1946 in seinem Werk „Advanced Treatise in Herbology". Und er sei andererseits aber so wirkungsvoll, dass man ihn unmöglich vergebens verabreichen könne.

HARFE UND FLÖTE

In der Musik spielt der Holunder in zweierlei Hinsicht eine Rolle: *Sambucus*, sein lateinischer Name, weist auf den Namen eines harfenähnlichen Instruments hin, das in alten Zeiten in Persien gebräuchlich war und das aus dem Holz des Holunders gefertigt wurde: die Symbyke. Das dreieckige Saiteninstrument wurde aus den neuen Trieben alter Büsche gefertigt und war im aramäischen Raum bereits als „Sambbeka" bekannt.

Wesentlich volksnäher scheint der andere musikalische Aspekt des Holunders zu sein: Drückt man das locker sitzende, weiche Mark von Holunderzweigen heraus, lässt sich mit wenigen Handgriffen ein hohler Stab herstellen, aus dem mit ein bisschen Geschick schnell eine Flöte gebaut werden kann. Der Klang, der durch den Hohlraum des duftenden Holunderholzes wirbelt, ist so hell und leicht wie das Flattern der Holunderblätter im Wind.

Dieses Mark wird bis heute übrigens von Uhrmachern bei filigranen Arbeiten als Putzmittel geschätzt, um beispielsweise mit ruhiger Hand winzige Mengen überschüssigen Öls zu entfernen. Von Malern wiederum wird es verwendet, um bei Kohlezeichnungen Zwischentöne durch Verwischen zu erreichen.

Der Holunder mit seinen verborgenen Geheimnissen und seiner vielseitigen Wandlungskraft in Form, Figur und Farbe ist ein wundersames Geschöpf, das uns viele Geschichten über die Tiefe des Lebens, über seinen Ursprung und seine Mysterien erzählen kann – wenn wir nur das Zuhören wieder lernen.

ROBINIE

Robinia pseudoacacia

Der königliche Hofgärtner von Heinrich III., Heinrich IV. und Ludwig XIII. war von der Schönheit des im 16. Jahrhundert nur in Nordamerika vorkommenden Baumes so berührt, dass er ihn für die Gärten der französischen Königsresidenzen in Europa einführte. Paris verdankt ihm, dem Apotheker und Botaniker Jean Robin (1550–1629), seine beiden ältesten Bäume: eine Robinie im weltberühmten „Jardin des Plantes" und ein zweites mächtigeres Exemplar, das den öffentlichen Park Square René-Viviani direkt vor der geschichtsträchtigen Kirche Saint-Julien-le-Pauvre dominiert. Robin pflanzte ihn hier im Jahr 1601, im Geburtsjahr seines späteren Herrn, des französischen Königs Ludwig XIII.

Allerdings hieß der Baum zu Lebzeiten Robins noch nicht Robinie – denn er hielt sie fälschlicherweise für eine Akazienart. Noch immer verfolgt die Robinie dieser Ruf, weswegen sie häufig „Falsche Akazie" oder „Scheinakazie" genannt wird. Erst Carl von Linné, der viel später die botanische Namensgebung systematisierte, nannte den Baum zu Robins Ehren *Robinia*, setzte aber gleich ein *pseudoacacia* hintan.

Tatsächlich ist die Ähnlichkeit mit der Akazie frappierend, und letztlich gehören beide auch zur Familie der Hülsenfrüchtler. Allerdings würde die Echte Akazie, eher im Wüstensturm denn im Eisregen zu Hause, nördlich der Alpen ohne Hilfe nicht überleben. Anders die Robinie, die im Laufe der letzten Jahrhunderte in ihrer neuen Heimat souverän Fuß gefasst hat. Sie wurde kultiviert und gehört aufgrund des Nutzwerts ihres Holzes zu den weltweit am häufigsten angebauten Baumarten überhaupt. Heute ist sie aufgrund ihrer vergleichsweise hohen Resistenz gegen Umweltgifte und Abgase ein gern gesehener Park- und Stadtbaum und macht in der Vegetationszeit das Einheitsgrau vieler Straßen und Alleen vergessen.

Die prachtvollen Blüten mit ihrem weithin wahrnehmbaren Duft ziehen Bienen und andere Bestäuber magisch an.

EINE GEWINNERIN DER GLOBALISIERUNG

Auch in der freien Natur weiß sich die Robinie zu behaupten: Als eingeführte Art („Neophyt") ist sie hier nicht heimisch – hat aber die Kraft, andere Baumarten zurückzudrängen. Sie ist „invasiv" und kaum mehr zu vertreiben, wenn sie es sich erst einmal bequem gemacht hat. Dieser Umstand macht sie bei uns zu einer sehr umstrittenen Baumart. Höher wachsende, Schatten werfende Bäume können sich aber gegen sie durchsetzen, weswegen ihr Anteil am deutschen Wald nur bei etwa 0,1 Prozent, in Österreich bei 0,2 Prozent liegt. Kaum eine andere Baumart konnte sich jedoch so erfolgreich über ihre angestammte Heimat hinaus ausbreiten. Sie ist in Mittel- und Südeuropa nicht weniger zu Hause als in Australien, Neuseeland und Südamerika, in Nordafrika und ganz Asien. Sie ist ein wahrer Pionier der Globalisierung.

MARKANTE BORKE

Die Robinie kann bis zu 25 Meter hoch werden, ist vielgestaltig und liebt die Freiheit, in der sie ihre Krone entfalten kann, wie sie möchte. Manches Mal erinnert ihr Habitus fast an die Weite einer Linde, ein anderes Mal hat sie etwas von der Leichtigkeit einer Birke oder gar vom glänzenden Lichtspiel der Esche. An ihren Fiederblättern hängen bis zu 15 einzelne glattrandige Blätter, harmonisch oval geformt, nicht spitz und gezahnt wie die der Esche und nicht schmal zulaufend wie bei den meisten Akazienarten. An ihren oft zu Dornen verwachsenen Nebenblättern, die am Schaftansatz der Fiederblätter zu finden sind, lässt sie sich gut erkennen. Die Borke ist bei älteren Bäumen in einem hellen Grau gefärbt und von tiefen Rissen zerfurcht, fast zu verwechseln mit der Borke alter Schwarzpappeln. Ihre weit ins Erdreich greifende Wurzel hat dafür gesorgt, dass die Robinie gerne als Bodenschutz angepflanzt wird – sie kann im sandigen Boden bis zu drei Meter tief wurzeln und gibt sich und ihrer Umgebung so festen Stand und Halt.

EIN SILBERREGEN IM SONNENSCHEIN

In der Blütezeit von Mai bis Juni lässt die Robinie auch die letzte Zurückhaltung fallen und bezaubert mit der atemlosen Schönheit ihrer auffällig großen Blütentrauben. Die schmetterlingsförmigen Blütenblätter erstrahlen in klarem, silbrigem Weiß bis hinab zu ihrem honigfarbenen Grund. An einem klaren Frühsommermorgen durchschimmert das erste Licht des Tages die Blüten wie von Tau benetztes Bergkristall. Ein belebender Duft nach Bergamotte sprudelt aus den bis zu 30 zusammengefassten Blüten, die wie kleine Wasserfälle an den jungen Zweigen hinunterrinnen. Die ersten Bienen summen in der Morgenfrische und nehmen mit Lebenslust, was ihnen dieser Silberregen, in dem der ganze Baum badet, im Überfluss bietet.

Seit Jahrhunderten begleiten diese Robinien die Besucher eines Friedhofes bei Aschaffenburg.

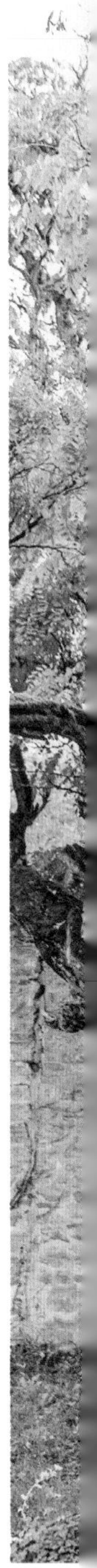

Die Robinie ist einhäusig, von zwittrigem Geschlecht und damit ist klar, dass sie von Insekten bestäubt wird. Setzt eines sich auf die Blüte, so streift sein Bauch den klebrigen, herauslugenden Stempel, die Narbe, an der die mitgebrachten Pollenkörner hängen bleiben – das Wunder der Befruchtung ist inmitten dieser wunderbaren Anmut vollbracht, unbemerkt und verborgen vor den Augen der Welt gebiert das Leben sich selbst, wieder und wieder.

Einige Wochen später, im August, September zeigen sich die Früchte: dunkelbraune, mal rötliche, manchmal grüne Hülsen wie Zuckerschoten, in denen der braune Samen enthalten ist. Die Hülle reißt langsam, je nach Witterung sogar erst im Frühjahr des Folgejahres, und gibt die erbsenfeinen Samen frei. Der Wind verbreitet sie rings um den Mutterbaum und Vögel tragen die Samen kilometerweit in die Umgebung.

SCHWARZE HEUSCHRECKE?

Die längliche Form und die dunkle Farbe der Samenhülsen standen wohl Pate bei der Namensgebung der Robinie in ihrer nordamerikanischen Heimat: „Black locust" heißt schwarze Heuschrecke. Angesichts der Schönheit des Baumes ein überraschend abschreckender Name! Diese Bezeichnung geht zurück auf die Bibel (Markus 1.6), wo es heißt, Johannes der Täufer habe sich in der Wildnis von Heuschrecken und wildem Honig ernährt: „Und Johannes trug ein Gewand aus Kamelhaaren und einen ledernen Gürtel um seine Lenden und aß Heuschrecken und wilden Honig." Einigen Missionaren des Jesuitenordens war die Vorstellung eines Heuschrecken kauenden Johannes wohl nicht geheuer, weswegen sie die Geschichte kurzerhand umschrieben und behaupteten, er habe sich von den Früchten der Robinie ernährt, die von Form und Farbe aussähen wie Heuschrecken. Schnell wurde dem Baum noch der dazu passende Name verpasst, mit dem er bis heute zurechtkommen muss. Freilich gab es im damaligen Syrien weit und breit keine einzige Robinie! Sollte der Täufer also tatsächlich keine Heuschrecken verzehrt haben und es sich dabei um Übersetzungs- oder Deutungsfehler handeln, so war es wohl doch der Johannisbrotbaum, der ihm da zu Hilfe kam.

Mittagsgenuss mit südländischem Flair im Robinien-Schatten im Piemont.

VIELSEITIG UND WETTERFEST

Robinienholz ist so vielseitig verwendbar, dass eine Auflistung aller Nutzungsarten schwierig ist. Es wurde und wird für Zaun- und Weinbergpfähle, Tomatenstäbe und Hopfenstangen genutzt. Es steht Eichenholz in Bezug auf Dauerhaftigkeit und Festigkeit fast in nichts nach, weswegen es auch zur Konstruktion von Mühlen, Brücken und im Erd- und Wasserbau Anwendung fand. Es ist sehr elastisch und biegsam, was im Grubenbau besonders wichtig war – bevor es brach, warnte die Verformung des Holzes die Bergleute vor drohender Lebensgefahr. Diese Elastizität hat die Robinie auch zum Ersatz für Eiben beim Bogenbau werden lassen. Weit verbreitet war ihre Verwendung daneben im Schiffsbau, zur Herstellung von Schiffsnägeln, Planken und Ruderpinnen. Noch heute reift bester italienischer Branntwein oft in Fässern aus Robinienholz. Besonders gerne wird es hierzulande für die Herstellung von Kinderspielanlagen auf naturnahen Spielplätzen genutzt, ebenso wie für im Freien stehende Tische, Bänke und Gartenmöbel.

DIE LETZTEN WORTE EINES WELTWEISEN

In seinen letzten Tagen unternahm Hermann Hesse nur mehr kurze Spaziergänge durch seinen Garten. An einer alten Robinie mit einem morschen Ast machte er immer eine kleine Rast, rüttelte an ihm und war zufrieden, dass er noch hielt. Als Hesse bereits vom Tode gezeichnet war, wurde ihm dieser Ast zum Sinnbild seiner Existenz – er schrieb sein letztes Gedicht:

Knarren eines geknickten Astes
Splittrig geknickter Ast,
Hangend schon Jahr um Jahr,
Trocken knarrt er im Wind sein Lied,
Ohne Laub, ohne Rinde,
Kahl, fahl, zu langen Lebens,
Zu langen Sterbens müd.
Hart klingt und zäh sein Gesang,
Klingt trotzig, klingt heimlich bang
Noch einen Sommer,
Noch einen Winter lang.

Wortlos legte er es seiner Frau Ninon auf den Nachttisch. Als sie es abends entdeckte, eilte sie zu ihm und sagte: „Dies ist eines Deiner schönsten Gedichte!“ Am nächsten Morgen fand sie Hermann Hesse tot in seinem Zimmer auf.

ECHTER UND FALSCHER HONIG

Das Verwirrspiel um die „falsche Akazie“ wird durch die Imkerei nicht einfacher, in der die Robinie eine prägende Rolle spielt, da sie eine vorzügliche und sehr wichtige Bienenweide ist. Ihr Honig wird fälschlicherweise – wie könnte es anders sein – „Akazienhonig“ genannt. Wer aber tatsächlich Honig von der Akazie haben möchte, muss auf den Zusatz „Echter Akazienhonig“ achten. Dieser ist jedoch sehr selten und kommt ausschließlich aus Afrika oder Lateinamerika. Öffnet man aber ein Glas „Robinienhonig“, strömt sofort der Duft blühender Robinienwälder um den Frühstückstisch, und die goldhelle Farbe verbreitet auf jedem Brötchen die Freundlichkeit eines frischen Frühlingsmorgens.

WEISSTANNE

Abies alba

Laubbäume lassen sich leicht voneinander unterscheiden; sie haben ihren eigenen Charakter, ihre spezielle Form, ihren charakteristischen Körper. Mächtige Buchen verbinden sich weit über uns zu einem Gewölbe, ein Nadelwald wird zum „Tann", einem einzigen, unentwirrbar miteinander verbundenen Ganzen. Zu einem Wesen, wie von einem einzigen Willen gelenkt, ununterscheidbar in einer unüberschaubaren Vielheit verschmolzen.

WALDEINSAMKEIT

Nirgendwo tritt dieses wuchtige, viel besungene und gemalte Wort, das eine ganz bestimmte, dichte innere Stimmung beschreibt und oft in deutschen Volksmärchen und französischen Feen-Märchen („contes de fées") beschworen wird, deutlicher zutage als in einem Tann, einem oft „finsteren" Tannenwald. Nicht erst seit den Gebrüdern Grimm raunt man sich in kerzenhellen Nächten die Geschichten von Menschen zu, die ihren angestammten Weg verlassen müssen und vom Schicksal in einen dichten Wald geführt werden. Durch ihn müssen sie sich ihren Weg bahnen, voller versteckter Gefahren und bevölkert von Sylphen und Faunen, von Zwergenkönigen, Gnomen und Waldleuten. Aus den Tiefen unserer Gedankenwelt taucht ein undurchdringliches und geheimnisvolles Dickicht auf, kaum jemals von Sonnenlicht benetzt, tief in einem vieldeutigen Sinn. Die aufsteigenden Gefühle ziehen den im Außen betrachteten Tann in uns hinein, er wird zu einem empfundenen Ort der Innenwelt, mit all diesen Wesen, mit denen der Märchenheld seine Wandlung durchläuft, geläutert und veredelt wird. Zutiefst beeindruckt vom Anblick eines dunkeldichten Tannenwalds werden wir selbst zum Ort dieser Wandlung, geschieht diese Läuterung, diese Veredelung in uns – und mit uns. Leise verweht die Angst vor dem finsteren Tann als schwerer, aber lohnenswerter Teil unseres eigenen Lebenswegs. Und die Achtung vor dem Geheimnis des Tannenwalds als Spiegel der Seele erwacht.

DIE SANFTE RIESIN DES DUNKLEN TANNS

Man nennt sie die „Königin der Nadelbäume". Langsam und unbeirrbar wächst die Weißtanne in die Höhe und erreicht mühelos 50 Meter und mehr, in Ausnahmefällen sogar über 60 Meter. Damit ist sie die größte der heimischen Baumarten, keine Baumart Europas überragt sie.

Die Weißtanne ist streng monopodial: Sie verfügt über einen einzigen, meist sehr gerade wachsenden Stamm, der sich natürlicherweise niemals gabelt. Ein junger Tannensämling benötigt nicht viel Licht und entwickelt sich auch im Schatten des Mutterbaumes oder von Buchenkronen überwölbt gemächlich zu einem ernst zu nehmenden Baum. Manchmal wächst er über Jahrzehnte nur wenige Zentimeter und erst, wenn sich die Lichtverhältnisse zu seinen Gunsten verändern, zeigt er, was wirklich in ihm steckt und entwickelt ein überraschend kräftiges Wachstum. Im Alter von etwa 100 Jahren stellt die junge Tanne das Wachstum allerdings ein und mündet in eine kegelförmige, im Alter abgerundete Krone. Jetzt schlägt die Stunde der oben wachsenden Äste: Deren ungebremstes Längenwachstum weist nach oben und kann den Wipfel des Baumes noch überflügeln. So bildet sich die typische Kronenform der reifen Tanne, die „Storchennestkrone". Findet sie genügend Platz um sich, trägt die Tanne ihre raumgreifenden, lichtschluckenden Äste bis zum Boden.

Die weichen, an der Oberseite dunkelgrünen Tannennadeln können bis zu drei Zentimeter lang werden. Sie sprießen bei den bodennahen Ästen nicht ringsum aus dem Zweig, sondern nur nach zwei Seiten – in der Lichtkrone dagegen rundherum. Größe, Form und Stellung hängen jedoch sehr von der Position am Baum ab. An der Unterseite sind deutlich zwei hellgraue Bänder zu erkennen, an denen die Spaltöffnungen sitzen, also die winzigen Poren, durch die der Baum atmet und seinen Duft verströmt. Bis zu zwölf Jahre lang trägt die Tanne ihre Nadeln, bevor sie diese abstößt und sich neu einkleidet.

Der Stamm kann bei einer ausgewachsenen, gesunden Tanne auf Brusthöhe gut und gerne drei Meter im Durchmesser betragen. Die Rinde von jungen Bäumen ist hellgrau, woher auch ihr Name „Weiß"-Tanne rührt. Im reiferen Alter dunkelt die Rinde zu einer verschuppten, querrissigen Borke nach. Obwohl die Tanne gar kein Harz hat, wird bis heute fälschlicherweise immer wieder auf dessen Heilwirkung hingewiesen – die Verwechslung mit der Kiefer hat jahrtausendealte Tradition.

Die üppige Zapfenpracht auf der Krone der Weißtanne zerfällt nach der Reifung im Herbst am Baum. Nur die nackte Mittelachse vom Zapfen bleibt zurück. Die Samen trägt der Wind weit fort.

Die tiefe Pfahlwurzel und ihre Fähigkeit, sich unter der Erde auch weit über ihren Kronendurchmesser hinweg auszubreiten, geben der Tanne sogar im weichen Waldboden einen festen Stand. So kommt es nur selten zu Windwurf. Und wenn ihr nicht Umweltgifte, Holzfäller oder Schädlinge das Leben schwer machen, hat eine ausgewachsene Weißtanne gute Chancen, ihre natürliche Lebensspanne von über 600 Jahren zu erreichen.

DEM HIMMEL SO NAH: TANNENZAPFEN

Die Tanne ist einhäusig getrenntgeschlechtig: Männliche und weibliche Blüten wachsen an einem Baum. Die männlichen befinden sich jedoch fast ausschließlich im mittleren Teil des Baumes, bis knapp unterhalb der Krone. Im ausgehenden April bis Anfang Juni geben die gelblichen, nur etwa drei Zentimeter messenden männlichen Blütenzäpfchen den staubfeinen Pollen an den Wind.

Die weiblichen, etwas größeren Zapfen finden sich ausschließlich im Bereich der Lichtkrone. Sie stehen aufrecht an den Zweigen, und durch ihre weit geöffneten Deckschuppen kann der üppig fliegende Pollen in das wunderschöne, grün gefärbte Zäpfchen wehen. Die Befruchtung geschieht tief im Inneren des Zapfens, die Schuppen schließen sich, und im Verborgenen entwickeln sich bis zum Herbst die Samen. Erst wenn sie reif sind, öffnen sich die Schuppen der bis dahin braunrot verholzten Zapfen wieder, und kleine, mit einem dreieckigen Flügelchen verwachsene Samenkörner entdecken das Licht der Welt.

Jetzt macht es Sinn, dass die Samen hoch oben in der Krone des Baumes geworden sind: Von hier oben aus beginnt ihre Odyssee, der wirbelnde Wind trägt sie durch Wald und Flur, bis sie irgendwo niedergehen und mit viel Glück eine neue Weißtanne entstehen kann. Die etwa 15 Zentimeter langen, dann geleerten Tannenzapfen verbleiben zum Teil noch jahrelang am Baum, zerfallen langsam oder fallen irgendwann als Ganzes ab.

DIE „ALLEREDELSTE“ DER NADELBÄUME

Abies alba, übersetzt etwa „die stolz aufragende Weiße“, gehört zur großen Familie der Kieferngewächse. Die Herkunft der deutschen Bezeichnung „Tanne“ ist etymologisch nicht eindeutig geklärt. Gesichert ist die althochdeutsche Bezeichnung „tanna“ als Synonym für Nadelbaum – vermutlich entwickelte sich daraus das Wort „Tann" als Bezeichnung für einen dunklen, immergrünen Wald. Bis Ende des 19. Jahrhunderts gab es weite Tannenwälder in Mitteleuropa. Doch wurde die Weißtanne wie kaum eine andere Baumart durch die moderne Forstwirtschaft, die Bevorzugung der Fichte sowie durch Wildverbiss und Umweltbelastungen stark zurückgedrängt. Dabei spricht schon Konrad von Megenberg in seinem um 1350 entstandenen „Buch der Natur" von der Weißtanne als „alleredelstem" der Nadelbäume, „da sie das weißeste und luftigste Holz hat".

Nadelbäume haben im mitteleuropäischen Wald die Übermacht, doch die Tanne ist mit nur rund zwei Prozent Anteil in der Minderheit. Das mag daran liegen, dass sie auf alle Umweltgifte sehr empfindlich reagiert und ihr das trockene, wärmer werdende Klima nicht behagt. Dies hat in den letzten Jahrzehnten dazu geführt, dass es die Weißtanne immer schwerer hatte, sich zu behaupten. Ihr natürliches Siedlungsgebiet erstreckt sich über die Alpen in den Schwarzwald, nördlich bis nach Thüringen und im Süden bis Korsika und in den Süden Italiens. Auch in den Karpaten und den Pyrenäen ist sie zu Hause, im Pirin-Gebirge in Bulgarien ist sie bereits auf 2900 Metern Höhe gesichtet worden – hierzulande erreicht sie allerdings maximal 1800 Meter.

Obwohl die Tanne vom Wind bestäubt wird und keinen Nektar zu verschenken hat, gibt es den beliebten Tannenhonig. Den dafür nötigen süßen Saft gibt *Abies alba* nicht ganz freiwillig ab. Blattläuse saugen an den Nadeln und scheiden den Zucker aus, den dann die Bienen sammeln und der so zum „Tannenhonig" wird. Gegen Ende des Frühjahres, wenn viele Bienenweiden bereits verblüht sind, wird der klebrige Stoff auf den Tannennadeln für sie zur wichtigen Nahrungsquelle.

WALDKIEFER

Pinus sylvestris

Als hätte sie zu lange mit dem Wind getanzt sieht sie aus, etwas mitgenommen und zerzaust. Doch in ihrem Tanz lässt sie sich nicht vom Wind zum Narren halten. Wenn er auch letztlich immer die Oberhand behält und sie manches Mal vernichtet, spürt man, dass sie es ist, die ihn lenkt: Dennoch schmiegt sie sich in ihn und überlässt sich ihm ganz, da sie sich von ihm gehalten und geborgen fühlt. Dann entwickelt sie die unterschiedlichsten Gestalten, und sie alle sehen leidenschaftlich und lebendig aus: baumgewordener Wind. Wenn man sie bewusst berührt, fasst man schnell Vertrauen, denn durch die groben Fasern ihrer rötlichen, zerrissenen Borke fließt so etwas wie eine heitere Wärme. Ein wohliger Geruch entströmt jeder ihrer Poren und lässt den Atem tiefer werden. Die Ausstrahlung einer großen, gesunden Kiefer durchdringt ihre Umgebung wie ein nur langsam verebbender Klang. Rings umher liegen die Kiefernzapfen, wie von einer heimlichen Hand zufällig verstreut, in ihrer Vielzahl nicht zu unterscheiden, dem langsamen Zerfall überlassen.

Feuer und Wind, das sind ihre Elemente – Mächte, die auch treibende Kräfte des Waldes waren, seine Dynamik ausmachten und sein Wohl und Wehe bestimmten, all die Millionen Jahre, bevor der Mensch eingriff. Die Kiefer ist ein Baum des Lichts. Sie ist es in vielfachem Sinn, wie wir noch sehen werden.

SENSIBEL UND ANPASSUNGSFÄHIG

Als einzeln stehender Baum bildet die Waldkiefer eine recht breite, windgeformte Krone („Windflüchter"), die dichten Schatten wirft. In Gegenden, in denen im Winter viel Schneefall droht, kann die Krone jedoch viel schmaler, ja fast schon spitz wie die einer Fichte ausfallen. Weil sie sensibel auf ihre Umgebung reagiert, entwickelt sie selten den kerzengeraden Stamm der Fichte, kann diese aber unter Umständen überflügeln und in Höhen von bis zu 50 Metern wipfeln. Damit gehört sie zusammen mit der Tanne zu den höchsten Bäumen

Männliche Blüten schmecken aromatisch-harzig. Auf Gebirgswanderungen sind sie für mich Kaugummi-Ersatz.

Europas! Stammdurchmesser von über einem Meter sind dann keine Seltenheit. Ihre bis zu acht Zentimeter langen Nadeln sind bläulich grün, flexibel zwar, doch erstaunlich spitz. Sie bleiben etwa zwei bis vier Jahre am Ast und werden regelmäßig erneuert. Die ältesten Nadeln werden im Herbst massenhaft abgeworfen, doch weil die jüngeren an den Zweigen verbleiben, wird der Baum nicht kahl.

Die Waldkiefer trifft man in ganz Europa an, bis in den Osten Sibiriens und in China. Sie kommt in Skandinavien vor, in den Alpen und den Pyrenäen. Damit umfasst sie das größte Verbreitungsgebiet aller heimischen Baumarten. Allerdings wäre sie in Mitteleuropa wohl eher selten anzutreffen; sie teilt hier das Schicksal der Fichte. Wie diese wurde sie aus wirtschaftlichen Gründen über Jahrhunderte großflächig angebaut und ist mit knapp 23 Prozent Anteil am Wald zum zweithäufigsten Baum geworden.

FEUER UND WIND ALS ELEMENTE

Die Kiefer bildet eine sehr markante Borke von einem rötlichen Braun, tief zerrissen in dicke Platten. Im oberen Bereich der Waldkiefer ist die Rinde glatt und fuchsrot („Spiegelrinde"), daran ist sie gut von anderen Kiefernarten zu unterscheiden. Feuer ist eines ihrer Elemente, weswegen sie es gut versteht, sich dagegen zu wappnen: Ihre dicke Borkenschicht im unteren Bereich des Stamms ist nur schwer entflammbar und schützt sie bei Waldbrand bestmöglich gegen einen drohenden Flammentod. Dennoch sind gerade Kiefernwälder am stärksten von Waldbränden bedroht: Durch den hohen Harzgehalt des Holzes kann das Feuer sich gut über die Kronen ausbreiten, getrocknete Nadeln können geradezu explodieren. Dies macht sich die Kiefer allerdings auch zunutze: Die samentragenden Zapfen einiger Kiefernarten in den USA öffnen sich erst in der Hitze der Flammen, bei einigen Hundert Grad Celsius – um die allerersten zu sein, die den brandgerodeten Boden wieder besiedeln können.

Kiefern sind sehr lichtbedürftige Wesen, weswegen für sie eine unbeschattete und so nährstoffreiche Erde wie die nach einem Waldbrand geradezu ideal ist. In einem natürlich gewachsenen Wald gibt es durch Blitzschlag oder Selbstentzündung immer wieder einmal ein Feuer. Da hier jedoch ausreichender Abstand zwischen den Bäumen gegeben ist, sind diese Brände meistens nicht bestandsgefährdend, sondern für die Verjüngung des Waldes sogar lebensnotwendig. In den Wirtschaftsforsten, in denen die dicht gedrängten Bäume keine Möglichkeit haben, sich aus dem Weg zu gehen, haben Waldbrände allerdings eine verheerende Auswirkung, da man ihrer nicht mehr Herr werden kann.

Neben Feuer ist Wind ihr zweites Element, weswegen sie eine tiefe und feste Pfahlwurzel entwickelt hat, mit der sie sich standhafter im Boden verankern kann als andere Bäume. Sie reicht bis zu acht Meter tief, die Seitenwurzeln können sogar bis zu 16 Meter in die Horizontale greifen! Windwurf ist daher selten – vorausgesetzt, sie hat genügend Platz und wächst in für sie geeigneten Böden, was beides leider nicht immer der Fall ist. In Deutschland ist sie nach der Fichte der am häufigsten angebaute Baum und muss so auch in Gegenden und unter Umständen leben, die sie sich natürlicherweise nicht ausgesucht hätte.

Aus den genannten Gründen wird das Höchstalter, das eine Kiefer in unseren Breitengraden erreichen kann, auch in der Fachliteratur zumeist mit 200–300 Jahren angegeben. Tatsächlich kann eine gesunde, natürlich aufgewachsene Kiefer jedoch bis zu 1000 Jahre alt werden.

Auf rund 2000 Metern Höhe im Unterengadin rollen die trockenen Zapfen der Waldkiefer in die Nachbarschaft einer Latsche, ihrer kleinen Verwandten.

DIE BLÜTE DER KIEFER UND DAS WUNDER IHRES ZAPFENS

Männliche und weibliche Blütenstände kommen an einem Baum vor, die Waldkiefer ist also einhäusig und zweigeschlechtig. Die Blüte beginnt im April, Mai des Jahres: Die kleinen, männlichen, gelben Blüten werden bis zu zwei Zentimeter lang und entwickeln eine walzenartige Form. Der Wind nimmt ihnen die enorme Zahl von bis zu fünf Millionen Pollenkörnern pro Blüte ab und pustet sie in dichten, goldgelben Wölkchen durch den Wald. Durch zwei Luftpolster kann das Pollenkorn sehr weite Strecken zurücklegen und ist manchmal kilometerweit unterwegs. Die weiblichen Blüten, etwa fünf Zentimeter kleine, purpurrote Zäpfchen, stehen derweil in kleinen Grüppchen mit weit geöffneten Schuppen bereit, um sie zu empfangen. Jetzt wird die Vollkommenheit der Zapfen deutlich: Sie lenken durch ihre aerodynamische Form die sie umspülenden Luftströme so, dass das winzige, kaum sichtbare Pollenkorn – wie von unsichtbarer Hand geführt – in die dafür vorgesehenen Zapfenkanäle geleitet wird. Wahrscheinlich hat sogar nur das Pollenkorn der Kiefer dort Zutritt, denn andere Arten haben eine ganz andere Dichte und einen unterschiedlich geformten Körper, der auf Wind anders reagiert. In den dunklen Weiten des Kiefernzapfens ist alles für die Ankunft des Pollenkorns vorbereitet. Nun rutscht es direkt an die Stelle, an die es soll, und das auch noch in der richtigen Position.

Die Schuppen des Zäpfchens schließen sich nach der Bestäubung und werden mit Harz versiegelt. Es wird nun grasgrün, und im Inneren reifen die vom Pollen befruchteten Eizellen noch über ein Jahr lang zum Samen heran. Erst im Spätwinter und Frühjahr, zwei Jahre nach der Blüte, wird die Saat entlassen. Bei Lufttrockenheit öffnet sich der bis dahin verholzte, graubraune Zapfen und erste Samen fallen heraus. Wird es Nacht oder regnet es, schließen sich die Zapfen aufgrund der höheren Luftfeuchtigkeit wieder.

An trockenen Standorten kann sich die Waldkiefer gegenüber anderen Baumarten sehr gut behaupten und bildet oft bizarre Stammformen.

Kleine Insekten nutzen diesen Umstand und suchen des Nachts und bei Unwetter Schutz in dieser „Zapfengarage". Die Samen können durch ihre kleinen Flügelchen bis zu zwei Kilometer vom Wind verfrachtet werden oder sie werden von Vögeln gefressen und verbreitet.

Eine einzige gesunde Kiefer kann etwa 1600 Zapfen jährlich erzeugen, die jeweils etwa 100 geflügelte Samenkörner auf die Welt bringen.

Es gibt eine auffällige Ähnlichkeit zwischen der Form eines Kiefern- oder Pinienzapfens und der menschlichen Zirbeldrüse, die ihren Namen wohl von der Zirbelkiefer (oder Zirbe) hat. Sie befindet sich im Zentrum unseres Gehirns und wird – inmitten der ewigen Finsternis – im Inneren unseres Schädels durch eine Form von Licht angeregt bzw. durch Dunkelheit stimuliert, weswegen sie manchem auch als Erklärung für das „dritte Auge" gilt. Aktuelle Forschungen zeigen heute, dass die Zirbeldrüse tatsächlich einst über lichtempfindliche Sensoren verfügte und über Nervenbahnen von Lichtsignalen erreicht wird. Ärzte und Anatomen der griechischen Antike hielten sie für die „Eintrittspforte der Gedanken".

KIENSPAN UND BERNSTEIN

Ein anderes Wort für die Kiefer ist „Föhre" oder „Kienföhre". Früher nannte man ihr Harz „Kien". Daher kommt die Bezeichnung „Kienspan" für ein lichtspendendes, brennendes Stückchen (Kiefern-)Holz, das schon in der Steinzeit bei Dunkelheit als Lichtquelle genutzt wurde. Zieht man „Kien" und „Föhre" zusammen, entsteht über mundartliche Umwege wie „kinforen", „kinfar" oder „kinfir" das Wort „Kiefer". So entstand ihr heute gebräuchlicher Name.

Mit ihrer weithin sichtbaren Gestalt ist diese Kiefer im Mostviertel (Niederösterreich) eine wertvolle Orientierungshilfe und ein einladender Schattenplatz.

Pinus, die lateinische Bezeichnung der Kiefer, wurde ursprünglich oft synonym mit vielen anderen Nadelhölzern verwendet, sodass heute oft nicht mehr nachvollziehbar ist, ob die Fichte, die Tanne oder die Kiefer gemeint war. Der Begriff rührt ursprünglich von den spitzen Nadeln her, die Übersetzung von *Pinus sylvestris* ist in etwa „spitze Nadel im Wald".

Bis heute ist nicht schlüssig geklärt ist, wie Bernstein genau entsteht. Möglicherweise sind es, wie meist angenommen, die „goldenen Tränen" der harzreichen Kiefer, die sie so unsterblich machen: Bis zu 50 Millionen Jahre alte, heute noch als Heilsteine verwendete Fundstücke sind bekannt. In China werden Höchstpreise für die honigfarbenen Schmuckstücke bezahlt – vor allem, wenn in ihnen Fliegen, Mücken oder andere Insekten luftdicht abgeschlossen die Jahrtausende überdauern. Bernstein wird oft an den Nord- und Ostseestränden angespült und dort gefunden.

FLÖTENSPIEL UND GEIGENMUSIK

Einzug in die Musikgeschichte hielt die Kiefer auf verschiedene Weise. Als Flötenholz gibt sie einen tiefen, sonoren Klang. Für Streichinstrumente hält sie einen ganz besonderen Stoff parat: Das „Kolophonium" ist eine auf den Streichbogen aufzutragende, feste Masse, die aus Harz gewonnen wird und dafür sorgt, dass den Instrumenten überhaupt ein gerader Ton entlockt werden kann. Das Kolophonium legt sich wie eine zweite Haut um das Rosshaar. Daran bleibt die Saite des Instrumentes für einen Moment hängen, wird mitgerissen und gedehnt. Im gleichen Moment schmilzt das Material durch die Reibungshitze, wird flüssig und gibt die mitgerissene Saite wieder frei, sodass sie zurückschnellen kann: Ein Ton entsteht. Sofort wird das Kolophonium wieder fest und erstarrt und reißt die Saite erneut ein Stückchen mit – das Spiel beginnt von vorn. Die Klangfarbe hängt ab von der Qualität des Instrumentes, von der des Kolophoniums und letztlich wohl auch von der des Spielers selbst.

DAS KREUZ JESU CHRISTI – AUS KIEFERNHOLZ?

Von der mythologischen Geschichte dieser bedeutenden Baumart ist überraschenderweise wenig überliefert. Im Brauchtum spielte sie so gut wie keine Rolle. Man kann jedoch davon ausgehen, dass die römischen Besatzer vor 2000

Jahren die im damaligen Galiläa häufig vertretene Aleppokiefer nicht nur zum Schiffsbau nutzten, sondern auch zur Herstellung der Kreuze für ihre drakonischste Strafe: Kreuzigungen. Die Wahrscheinlichkeit ist groß, dass darunter auch das Kreuz Jesu Christi war.

Nach der Überlieferung einer indianischen Tradition fertigten die Blackfoot aus dem Holz der Kiefer sogenannte Geschichtsstäbe, die den Kindern von den Stammesältesten als Belohnung gegeben wurden. Die Anzahl der hineingeritzten Kerben gab die Summe der dem Kind zu erzählenden Geschichten an, die es sich durch sein Benehmen verdient hatte. In ihren Kriegstänzen feierten die Navajo ein Heilungsritual, in dem auch Kiefernnadeln verwendet wurden; das aus dem Holz hergestellte Pech diente der Körperbemalung.

Auch die Pinie ist eine Art, die zur Gattung der Kiefern gehört. Aus China wird berichtet, dass Pinienkerne wichtiger Bestandteil der Ernährung von taoistischen Mönchen waren, die in unzugänglichen Gebirgszügen lebten. Nach taoistischer Überlieferung können Pinienkerne ewiges Leben verleihen. Sie wurden sogar in ägyptischen Sarkophagen gefunden – obwohl es dort zu damaliger Zeit vermutlich gar keine Pinien gab.

Im antiken Griechenland waren viele alte Kiefernbäume dem allgewaltigen Naturgott Pan geweiht. Sie hatten einen herausgehobenen Standort in der Nähe eines Schreines, Altars oder heiligen Feuers. Viele Jahrhunderte später ließen sich die mächtigen Wikingerhäuptlinge in ihren aus Kiefernholz gefertigten „Drachenschiffen" beerdigen.

MEDIZINISCHE BEDEUTUNG DES KIEFERNHOLZES

Inzwischen ist längst nachgewiesen, dass das Holz der Kiefer (im Alpenraum ist es die Kiefernart Zirbe) gesundheitsfördernden Einfluss auf den menschlichen Organismus hat. Sogar der bloße Schlaf in einem aus Zirbenholz gezimmerten Bett senkt die Herzfrequenz um etwa zehn Prozent!

Beim aufmerksamen Gang durch einen Kiefernwald kann man eine weitere Wirkung ganz einfach erfahren, indem man tief ein- und ausatmet. Die Kiefer ist ein jahrtausendealtes Lungenheilmittel. Bis heute macht man sich diese Wirkung mittels Badezusätzen zunutze, aber auch mit Tees, Salben und Inhalationen. Diese wirken entspannend, lindern Husten, machen den Kopf klar, regen die Lungen an und stärken den Kreislauf.

Diese Kiefer sieht aus wie ein idealer Kletterbaum – wenn sie nicht so harzig wäre.

Die Nadeln und Zweigspitzen der meisten Kiefernarten enthalten ätherische Öle, denen eine desinfizierende und lindernde Wirkung bei Entzündungen nachgesagt wird. In der Naturheilkunde werden sie oder auch eine Harzsalbe bei Erkältungskrankheiten, Bronchitis, Rheuma, Hautentzündungen, Nerven- und Muskelschmerzen angewendet. Auch bei Stirn- und Kieferhöhlenentzündung können Essenzen aus Kiefernnadeln zum Inhalieren hilfreich sein.

Die ätherischen Öle aus Ästen, Nadeln und Zweigspitzen der Latschenkiefer werden wegen ihres frischen, würzigen Aromas sowie ihrer desinfizierenden und schleimlösenden Heilwirkung gerne für einen Aufguss in der Sauna oder als Erkältungsbad angewendet.

Die Kiefer ist wahrlich ein Baum, der dazu geeignet ist, das Staunen über die Wunder der Natur wieder zu lernen.

LINDE

Tilia spec.

Niemand kann sich dem unvergleichlichen Eindruck entziehen, den eine ausgewachsene Linde in freier Natur auf das Gemüt hat, wenn man sich nur etwas Zeit und Muße nimmt. Mit jeder Faser ihrer gewaltigen Gestalt strahlt sie sanfte Geborgenheit aus, eine warme Freundlichkeit, als würde man von ihr verständnisvoll in den Arm genommen. Die Linde spricht alle Sinne an, ihr weicher Geruch, ihr Aussehen, ja selbst das Rascheln ihrer Blätter im Wind hat nichts Schroffes. Borke und Blatt fühlen sich so vertraut an wie die Hand eines alten Freundes auf der Schulter. Mit dem Rücken an eine Linde gelehnt, ist es schwer, trüben Gedanken nachzuhängen, denn das Vibrieren unzähliger Bienenleiber im Lindenhimmel hat das Träumerische einer ausschwärmenden Seele.

Vielleicht ist sie wirklich der Baum, der uns Menschen am nächsten steht, auch wenn sie heutzutage frei stehend im tiefen Wald kaum mehr anzutreffen ist – wenn, dann immer nur vereinzelt oder in kleinen Gruppen. Doch dafür ist sie einer der wichtigsten Kulturbäume geworden, der uns seit Jahrtausenden treu begleitet. Nicht mehr die Mitte des Waldes ist ihr Zuhause, es ist vielmehr die Mitte des Dorfes, wo man sich in ihrem geruhsamen Schatten gerne trifft. „Unter den Linden": Es sind Alleen, Straßenränder, Kreuzungen und Bildstöcke, wo sie uns oft begegnet und begleitet – und bisweilen ist es auch der Kirchhof, auf dem sie uns letztendlich behütend willkommen heißt.

EINE TROPISCHE BAUMART IN EUROPA

Weltweit gibt es etwa 40 Arten der Linde, doch nur wenige davon kommen bei uns natürlicherweise („autochthon") vor, hauptsächlich sind dies Sommer- und Winterlinde. Sie haben sehr viele Gemeinsamkeiten und sind nur schwer voneinander zu unterscheiden. Die größeren Blätter verraten die Sommerlinde, denn sie sind rundum behaart, genauso wie Sprosse und Knospen. Dies fehlt der Winterlinde völlig. Wuchs, Höhe, Volumen sind jedoch nahezu gleich.

Beide Lindenarten haben sich noch dazu gekreuzt und zur Holländischen Linde zusammengetan, was die Sache nicht einfacher macht. Doch vielleicht ist es gar nicht so wichtig, ganz genau zu wissen, wie der Baum nun biologisch korrekt bezeichnet wird, wie viele Chromosomen er hat, wie sich sein Holz spalten lässt. Deswegen seien hier nur der Vollständigkeit halber noch die Krim- und die Silberlinden erwähnt, die bei uns ebenfalls vorkommen.

Die Winterlinde, um die es hier geht, gehört zu den kräftigsten Baumarten Europas. Alle Linden werden der (Groß-)Familie der Malvengewächse zugeordnet. Diese sind zum größten Teil Tropenpflanzen, was ihr sozusagen „Tanten" in Übersee einbringt, den Kakaobaum beispielsweise und die Baumwolle.

DIE SPÄTE SCHÖNHEIT

Die Winterlinde kann trotz eines recht kurzen Hauptstammes, der sich in der Höhe meist mehrfach gabelt und mehrstämmig („sympodial") weiterwächst, doch bis zu 30 Meter hoch werden. So entwickelt sie eine mächtige, im Freistand zuweilen fast kreisrunde, kugelförmige Krone, die bis hinab zum Boden reichen kann. Die Blattstellung ist sehr regelmäßig zweizeilig, und die Zweige erschließen den sie umgebenden Raum fächerartig, sodass eine größtmögliche Lichtausbeute ermöglicht wird. Dies hat zur Folge, dass die Winterlinde eine gewisse Schattentoleranz hat und dabei selbst Schatten spendet. In Parks und Grünanlagen ist sie aufgrund dieser Kronenarchitektur nicht nur ein Blickfang, sondern auch ein erholsamer Treffpunkt, um der Sommerhitze zu entkommen.

Ihr zauberhaftes Laubgewand treibt sie erst sehr spät im Jahr aus. Frühestens im ausgehenden April, meistens jedoch erst im Mai entrollen sich die wunderschönen, herzförmigen Blätter in ihrem jungen, zarten Grün. Sie sind sehr sanft gezahnt, hängen an bis zu fünf Zentimeter langen Stielen und werden bis etwa handtellergroß.

Kurze Zeit später, im Juni und Juli, erscheinen ihre sonnengeborenen Blüten. Fast alle anderen Laubbäume unserer Region legen ihre Blüten bereits im ausgehenden Vorjahr an, wo sie die kalte Winterzeit im Schutze ihrer Knospen verbringen, bevor sie ausschlagen. Doch die Blüten der Linde werden im selben Jahr, kurz vor ihrem Erscheinen, in der Tiefe des Holzes erschaffen. Mit ihrem Aufblühen verströmen sie einen honiggleichen, feinen Duft. Die Linde schmückt sich mit zehntausenden, blassgoldenen Blütenständen, in denen je

Der Blütenduft ist weithin wahrnehmbar, das Summen der Bienen im Baum oft ein unerwartetes Klangerlebnis.

etwa zehn Einzelblüten zusammenfinden, die jeweils etwa einen Zentimeter messen. Sie sind zwittrig. Um eine Selbstbestäubung möglichst zu vermeiden, sind die männlichen Blütenteile, die Pollen abgebenden Staubblätter, etwas schneller reif als die weiblichen. Während der weiblichen Blühphase, die kurz darauf eintritt, fließt der Nektar in Strömen, pro Blüte können es mehrere Mikroliter täglich sein.

NEKTARREICH

Der Nektar bildet sich am Grunde der hellgrünen Kelchblätter, die die weiße Blüte mit ihren ockergelben Staubblättern einfassen, sodass bestäubende Insekten an dem verlangenden weiblichen Stempel nicht vorbeikommen, der aus ihrer Mitte ragt. Jetzt streifen sie den männlichen Pollen dort ab, mit dem sie sich zuvor bei den Blüten anderer Linden bekleckert haben. Die Pollenkörner

kommen zuverlässig genau an dem Punkt an, von dem aus sie in die Samenanlage der Blüte vordringen können: an der Narbe, am oberen Ende des Stempels.

In den Abendstunden ist ihr Angebot an Nektar üppiger; unzählige Bienen, Hummeln, Schwebfliegen und viele andere Insekten ernähren sich davon. Erst wenn die weibliche Blüte bestäubt ist, wird die Produktion des Nektars eingestellt. Langsam vergeht ihre äußere Schönheit, während in ihrem Inneren ein neues Leben wächst: die Frucht der Linde, ihr Samen. In den kommenden Monaten wächst er im Stillen, bis er im September, Oktober zu einer kugeligen, erbsenförmigen Kapselfrucht herangereift ist. Diese „Nuss" bleibt noch einige Wochen am Baum, bevor der Wind sie pflückt und als „Drehflügler" in die direkte Umgebung trägt – bis zu 60 Meter weit kann sie so mithilfe eines kleinen, zungenförmigen Hochblatts fliegen. Manchmal bleibt sie jedoch auch bis in die Wintermonate hinein hängen und bildet nach dem Laubfall noch interessante Farbkontraste zur tiefbraunen Borke des Baumes.

TAUSEND JAHRE UND KEIN ENDE

Nicht anders als bei vielen anderen Bäumen ist die Rinde der jungen Linde eher glatt und hellgrau. Ungewöhnlich ist jedoch, dass sich direkt unterhalb dieser Schicht sehr viele lange Bastfasern befinden, die bis in unsere Zeit hinein den Ausgangsstoff für Bindematerial und Seilerwaren stellen. Mit zunehmendem Alter des Baumes entwickelt sich eine sehr ansehnliche, braune Borke, die tiefe Längsfurchen aufweist.

Die Linde fußt auf einem tief greifenden Herzwurzelsystem, das ihr einen festen Stand verleiht und es ihr ermöglicht, als frei stehender Baum über tausend Jahre alt zu werden. Im Inneren alter, modrig gewordener Stämme können sich Luftwurzeln bilden („Adventivwurzeln"), die den Stamm hinabwachsen, ihn durchdringen, wieder füllen und so seine Überlebensfähigkeit sichern. Wahrscheinlich entzieht die nachwachsende Wurzel dem vergehenden Holz Nährstoffe und verdrängt es ganz, bildet an der Außenhaut sogar Rinde – der alte, unbrauchbar gewordene Stamm wird letztlich komplett ersetzt. Wird ein solcher hohler Stamm jedoch zuvor in der guten Absicht, ihm wieder mehr Festigkeit zu verleihen, mit Beton oder ähnlichem Material gefüllt, erreicht man genau das Gegenteil: Das ist oft erst recht das Todesurteil für den ehrwürdigen, uralten Baumveteranen.

Die Winterlinde kommt bei uns in der Ebene genauso vor wie in mittleren Berglagen. Gerne mischt sie sich auch in sommerwarme Eichen-Hainbuchen-Wälder, vereinzelt sogar in Kiefernwälder. Sie fühlt sich nahezu in ganz Europa heimisch, erstreckt sich östlich bis in den Kaukasus hinein, dringt jedoch nicht in den Süden Spaniens, Italiens oder Griechenlands vor.

IST DIE LINDE DER WAHRE CHRISTBAUM?

Unseren germanischen Vorfahren war die Linde ein heiliger Baum. Er war der Liebesgöttin Frigga geweiht, in ihr fanden sie Schutz, Liebe und Heilung. Viele der bedeutendsten Bäume Deutschlands sind Linden, sie stehen oftmals in engem Zusammenhang mit sakralen Bauwerken und Heiligtümern in ihrer Nähe. Während der Christianisierung kam es seit dem frühen Mittelalter häufig dazu, dass heilige Bäume der heidnischen Völker umgedeutet und dem Christentum angepasst und „einverleibt" wurden. Hier haben die zahllosen „Marienlinden" ihren Ursprung. Oftmals findet man auch heute noch einen Bildstock davor, einen Ort der Stille, des Innehaltens und der Andacht. Der sogenannte „Apostel der Deutschen", der Missionar und Bischof von Mainz, Bonifatius (ca. 673–754 n. Ch.), pflanzte junge Linden für viele der von ihm zerstörten Baumheiligtümer der Germanen. Bei Alsfeld in Hessen stehen die Reste einer uralten Linde, die der Sage nach Bonifatius selbst gepflanzt haben soll. Nicht Tanne oder Fichte sind aus dieser Sicht der wahre Baum des Christentums: Dieser Rang steht vielmehr der Linde zu – Weihnachtsbaum hin oder her.

DIE SYMBOLKRAFT DES NAMENS

Die Gattungsbezeichnung *Tilia* stammt von „tilos" ab, griechisch für „Bast" – auch dies ein konkreter Hinweis auf das Weiche, Biegsame der Linde. Ob nun der Werkstoff Pate für den Namen des Baumes stand oder andersherum, lässt sich heute nicht mehr abschließend beantworten. Die deutsche Bezeichnung „Linde" hingegen leitet sich wohl vom Indogermanischen „lentos" her, was so viel wie geschmeidig, elastisch bedeutet. Die Linde stand Pate bei der Namensgebung zahlloser deutscher Städte, Dörfer und Gemeinden. Rund tausend Orte oder Ortsteile verdanken diesem Baum ihren Namen. So geht der Städtename „Leipzig" beispielsweise auf das sorbische Wort „Lipsk" zurück: „Linden-Ort"!

Schon Platon wusste: Bei so viel Güte und Schönheit kann die Wahrheit nicht weit sein. Und so machte der Mensch sich über Jahrtausende hinweg die vielen Tugenden der Linde zunutze, allen voran die Gerechtigkeit:

GERICHTSLINDEN

Wie unter den kraftvollen Eichen, so trafen sich auch unter diesem Baum der Liebe schon die Germanen zu vielen Anlässen. Sie feierten ihre Feste oder saßen zu Gericht – der Brauch der eingangs bereits angesprochenen Dorflinde zeugt noch heute von diesen Versammlungen, die man damals „Thing" nannte. Offenbar ging man davon aus, dass der Baum der Liebe der Wahrhaftigkeit dienen müsse und man sprach sicherlich so manches – gelinde gesagt – lindes Urteil über die Schurken. Noch weit in das Mittelalter hinein wurde so Recht gesprochen. Viele Urkunden dieser Zeit sprechen von „judicium sub tilia", der Gerechtigkeit unter der Linde. Hier hat das weitverbreitete Wort „subtil" seine Wurzeln, und dessen Ursprung macht seine Bedeutung klar: „mit viel Feingefühl". Allerdings gab es auch Zeiten, in denen das gewaltig ins Auge gehen und flugs auf dem Scheiterhaufen enden konnte. Auch der liebevollste Schutzbaum kann wohl das Schlimmste nicht verhindern, ist der menschliche Irrsinn nur groß genug. So manche sagenumwobene sogenannte „Hexenlinde" kündet von diesen traurigen Geschehnissen und zeigt aus einer weiteren Perspektive die hier nun eher bedauerliche Nähe dieses wunderbaren Baumes zur Kirchenlehre dieser Zeit: Scheiterhaufen und Bücherverbrennungen waren die Folge.

Einige der ältesten Bäume Deutschlands blicken auf eine bewegte Vergangenheit als Gerichtslinde zurück. Dort entschied sich das Schicksal unzähliger Menschen – oft, aber wohl nicht immer, zu ihren Gunsten. Sicherlich können diese Linden uralte Geschichten und tiefe Geheimnisse erzählen: Man müsste nur richtig hören können.

TANZLINDEN

Auch wenn heute unter den zahllosen deutschen Dorflinden keine Gerichtsverhandlungen mehr stattfinden, so hat sich doch seit dem Mittelalter ein wunderschöner Brauch erhalten: die Tanzlinden. In wenigen Dörfern stehen sie noch heute; breit gewachsene, mächtige, jahrhundertealte Linden, in deren

In Mindelheim (Bayern) führt die alte, einladende Lindenallee zu einer kleinen Kapelle auf einem Hügel: ein eindrucksvolles Kulturerbe.

Das Wunder Baum wird an dieser Linde in Hanglage besonders deutlich: Die Krone oben spiegelt sich unten im Wurzelwerk im Boden wider.

beindickes und gestütztes Geäst große Tanzflächen hineingezimmert wurden – in luftiger Höhe! Inmitten des prallen Duftes nektartriefender, bienenumbrummter Blütenstände, umsäuselt von im Winde leise knispernden Lindenblättern, fällt es leicht, diesem Baum die Geschichten der Liebe zu glauben, die er träumend in die Arme lauer Sommernächte wispert. Immer noch werden einige berauschend schöne Linden „betanzt", jede einzelne von ihnen wäre ein eigenes Buch wert – oder zumindest einen Besuch für eine durchtanzte Sommernacht.

Goethe schrieb in seinem „Faust" von Gretchen, dem Doktor und den Bauern unter der Linde. Dort heißt es:

> „Der Schäfer putzte sich zum Tanz,
> Mit bunter Jacke, Band und Kranz,
> Schmuck war er angezogen.
> Schon um die Linde war es voll
> Und alles tanzte schon wie toll."

Eine ausgesprochene Eigentümlichkeit sind die sogenannten Apostellinden, bei denen zwölf Äste einer Linde in die Breite gezogen werden, sodass die weit ausladenden, beindicken Äste mit Säulen gestützt werden müssen. Unter der so entstehenden „Lindenlaube" lässt es sich zu jedem Anlass vortrefflich feiern. Eine bekannte Apostellinde steht in Gehrden bei Warburg, sie konnte einst über eine eiserne Wendeltreppe erklommen werden. Die Legende will, dass diese Linde im Jahre 1142 n. Chr. anlässlich der Gründung eines nahen Klosters der Benediktinerinnen gepflanzt wurde. Einer der zwölf Starkäste brach 1930 bei einem Gewitter und hinterließ eine bis heute offene Wunde, die den Blick in das Innere des Baumes freigibt, in dem mehrere Adventivwurzeln den hohlen Stamm verstärken. Leider wurde das Innere des weitgehend hohlen Baumes im Jahre 2017 durch einen Brand schwer in Mitleidenschaft gezogen.

LIGNUM SACRUM – DAS HEILIGE HOLZ

Das Holz der Linde ist von sehr gleichmäßiger Struktur, hell, fast weiß. Es ist leicht und so weich, formbar und angenehm zu riechen, berühren und anzusehen wie der Baum, von dem es stammt. Es ist das ideale Material für die Bild-

hauerei, zum Schnitzen und für die Drechselei. Im Instrumentenbau ist Lindenholz für die Herstellung von Harfen und Klaviaturen gefragt.

Bezeichnenderweise sind die Kunstwerke, die aus Lindenholz geschnitzt wurden, fast durchweg christlicher Symbolik entsprungen, weswegen es als „lignum sacrum“ galt – aus dem Lateinischen für „heiliges Holz“.

DIE LINDE IN DER HEILANWENDUNG

Wie bei einem solch sanften Baum zu erwarten, liefert die Linde wertvolle Rohstoffe für die Linderung von Krankheiten. Alles an dieser guten Freundin des Menschen ist nutzbar: Rinde, Blätter, Blüten, Holz und Wurzel. Jedoch war ihre Anwendung in der Antike noch nicht sehr verbreitet – erste medizinische Erwähnung fand sie zu dieser Zeit bei Plinius und Galen. Von Hildegard von Bingen wurden hauptsächlich die Rinde und die Blätter genutzt, sie empfiehlt das Auflegen der Blätter als augenklärendes Mittel. In der heutigen Naturheilkunde wird Lindenblütentee als probates Mittel bei fieberhaften Erkältungskrankheiten, trockenem Reizhusten und zur Steigerung der Abwehrkräfte eingesetzt.

Seit über 800 Jahren reagiert diese Linde auf sämtliche Umwelteinflüsse und regeneriert sich dabei immer wieder neu – ein Wunder an Überlebenskraft.

Andreas Hase (li) und Conrad Amber (re) unter einem „Japanischen Kuchenbaum" (doch spielt das eine Rolle?) in den Hohenheimer Gärten in Stuttgart, April 2023.

DAS STAUNEN

Es nieselte leise, als wir uns ein Jahr später in den Hohenheimer Gärten trafen, um an unser eingangs erwähntes Gespräch anzuknüpfen. Die feuchte Erde roch nach Leben, und schon rannen manche Tropfen von Conrads Hutkrempe, als wir unter einem Baum zu stehen kamen. Ich war auf die markante Borke des Baumes aufmerksam geworden und hatte ihn aufgrund der ähnlichen Blattform auf den ersten Blick mit einer Linde verwechselt.

„Weißt Du, was das für ein Baum ist?", fragte ich Conrad. „Nein, das weiß ich nicht", antwortete er, schwieg und wandte sich seinerseits der Borke zu. Natürlich hatte er recht. Der zutiefst menschliche Drang, immer alles benennen, beziffern, beschreiben und sortieren zu wollen, hatte mich einmal mehr genarrt. Schön, dass in einem Arboretum ein Hinweisschild nicht weit ist, ich wurde also schnell belehrt: „Japanischer Kuchenbaum". Doch es kommt gar nicht darauf an! Es ist völlig unerheblich, ob ich vor einer aufglühenden Elsbeere, einer lichtdurchfunkelten Esche oder einem winddurchzitterten Gänseblümchen stehe und staune! Es ist nett zu wissen, welche Namen ihnen andere Menschen gegeben haben und welche Merkmale sie kartografiert und ausgemessen haben. Aber es muss nicht sein!

NATUR – UNSERE HEIMAT

Wir müssen Natur leben, nicht nur lesen. Es geht nicht ohne Dreck an den Stiefeln und Regentropfen an der Hutkrempe. Ob in einem der letzten unberührten Urwälder Europas, in einem Schlossgarten oder an der Bushaltstelle nebenan – „Wildnis" ist eine innere Haltung und sie umgibt uns immer. Wir müssen wieder „mit den Flüssen sprechen, den Sternen lauschen" (Thomas Berry) und „denken wie ein Berg" (Aldo Leopold). Wir müssen mit unseren Wurzeln den Käfig sprengen, der uns eingrenzt, beschneidet und zurückhält – nur ein bisschen von dem berührenden Mut meines Bonsaibäumchens (siehe Vorwort) wünsche ich mir manchmal für mich zurück.

Es ist diese Berührung des Herzens, die den Zauber ausmacht, der uns mitnimmt in eine andere, in die ursprüngliche Welt. Eine Welt des namenlosen Staunens; unsere Heimat.

QUELLENVERZEICHNIS

und weiterführende Literatur

Aigremont, Dr.: Volkserotik und Pflanzenwelt (Ethnomedizin und Bewusstseinsforschung. Historische Materialien). Aachen, 1997.

Amber, Conrad: Baumwelten (E-Book). Stuttgart, 2015.

Amber, Conrad: Bäume auf die Dächer, Wälder in die Stadt (E-Book). Stuttgart, 2016.

Bachofer, Mark & Joachim Mayer: Der KOSMOS Baumführer. Stuttgart, 2021.

Bächtold-Stäubli, Hanns: Handwörterbuch des Deutschen Aberglaubens. Berlin, 1935.

Beuchert, Marianne: Die Symbolik der Pflanzen. Frankfurt am Main, 2004.

Bötticher, Carl. Der Baumkultus der Hellenen. Berlin, 1856.

Bô Yin Râ: Geist und Form. Bern, 1934.

Brosse, Jacques: Mythologie der Bäume. Düsseldorf, 2004.

Demandt, Alexander: Über allen Wipfeln. Köln, 2002.

Dierbach, Johann: Flora Mythologica. Heidelberg, 1833.

Fischer-Rizzi, Sabine: Blätter von Bäumen. München, 2007.

Fiedler, Karl Gustav: Reise durch alle Theile des Königreiches Griechenland in Auftrag der Königl. Griechischen Regierung. Leipzig, 1840.

Frazier, James George: Der goldene Zweig - Eine Studie über Magie und Religion. Hamburg, 1989.

Geßmann, G.W.: Die Pflanze im Zauberglauben. Bürstadt, 2003.

Goldstein, Jürgen: Naturerscheinungen – Die Sprachlandschaften des Nature Writing. Berlin, 2019.

Hageneder, Frank: Die Weisheit der Bäume. Stuttgart, 2009.

Hase, Andreas: Bäume für die Seele: Naturmeditationen für Ruhe und Heilung. Stuttgart, 2022.

Hase, Andreas, Ursula Stumpf und Vera Zingsern: Mytische Bäume. Stuttgart, 2021.

Jung-Kaiser, Ute: Der Wald als romantischer Topos. Bern, 2008.

Kalusche, Dietmar: Ökologie in Zahlen. Stuttgart, 1996.

Kausch-Blecken von Schmeling, Wedig: Die Elsbeere. Bovenden, 1994.

Küster, Hansjörg: Geschichte des Waldes. München, 2013.

Küster, Hansjörg: Geschichte der Landschaft in Mitteleuropa. München, 2013.

Lauter, Wolfgang: Das Leben der Bäume. Dortmund, 1987.

Moser, Maximilian und Erwin Thoma: Die sanfte Medizin der Bäume. Salzburg, 2015.

Murr, Josef: Die Pflanzenwelt in der Griechischen Mythologie. Innsbruck, 1890.

Nuss, Max: Wachstum der Seele. Karlsruhe, 2015.

Polzin, Wolf-Peter: Vom Bettler zum König. Rostock-Warnemünde, 2011.

Pritzel, Georg August und Karl Friedrich Jessen: Die deutschen Volksnamen der Pflanzen – Neuer Beitrag zum deutschen Sprachschatze. Hannover, 1882.

Rutjes, Henriette und René Zimmer: Augen zu und durch - Die gesellschaftliche (Nicht-) Wahrnehmung des Eschentriebsterbens. Potsdam, 2015.

Schmitz, Gregor: Die Birke (Nr. 15). Bonn 2002

Schonack, Wilhelm: Die Rezepte des Scribonius Largus. Jena, 1913.

Schwilk, Heimo: Hermann Hesse – Das Leben des Glasperlenspielers. München, 2012

Sterneder, Hans: Frühling im Dorf – Tagebuch eines Besinnlichen. Leipzig, 1928.

Wolfram, Ludwig Friedrich: Vollständiges Lehrbuch der gesammten Baukunst. Wien, 1833.

Zsok, Otto: Musik und Transzendenz. St. Ottilien, 1998.

DIE BÄUME

in alphabetischer Reihenfolge

DANK

Herzlichen Dank für die intensive Betreuung des gesamten Projektes, federführend von Frau Claudia Salata und dem engagierten Lektorat von Frau Julia Genazino – eine tolle Zusammenarbeit, die Spaß gemacht hat und bei der neben aller Professionalität und einer Menge Liebe zum Detail immer eines besonders spürbar war: viel Herzblut für die Bäume!

Andreas & Conrad

IMPRESSUM

Alle 106 Fotos in diesem Buch stammen von Conrad Amber.

Umschlaggestaltung von DIE BASIS, Wiesbaden, unter Verwendung zweier Fotos von Conrad Amber.

Der Inhalt dieses Buches ist sorgfältig recherchiert und erarbeitet worden. Dennoch können weder Autor noch Verlag für alle Angaben im Buch eine Haftung übernehmen.

Grundlage dieses Buches ist der Titel von Andreas Hase: „Bäume – Tief verwurzelt", der unter der ISBN 3-440-15869-2 im Jahr 2018 im Kosmos-Verlag erschienen ist.

Unser gesamtes Programm finden Sie unter **kosmos.de.**
Über Neuigkeiten informieren Sie regelmäßig unsere Newsletter, einfach anmelden unter **kosmos.de/newsletter.**

FSC
www.fsc.org
MIX
Papier | Fördert gute Waldnutzung
FSC® C110508

Gedruckt auf chlorfrei gebleichtem Papier

ISBN 978-3-440-17703-7
Redaktion: Claudia Salata
Redaktion und Lektorat: Julia Genazino
Gestaltung und Satz: TEXT & BILD, Michael Grätzbach
Produktion: Markus Schärtlein
Druck und Bindung: Westermann Druck Zwickau GmbH
Printed in Germany / Imprimé en Allemagne